Die Chemie des Fluors

Von

Dr. Otto Ruff

o. Professor am anorganisch-chemischen Institut
der Technischen Hochschule Breslau

Mit 30 Textfiguren

Springer-Verlag Berlin Heidelberg GmbH
1920

ISBN 978-3-642-90324-3 ISBN 978-3-642-92181-0 (eBook)
DOI 10.1007/978-3-642-92181-0

Ursprünglich erschienen bei Julius Springer in Berlin 1920
Softcover reprint of the hardcover 1st edition 1920

Meinen Schülern
gewidmet in dankbarer Anerkennung
ihrer Mitarbeit.

Inhaltsverzeichnis.

I. Allgemeines.

II. Einzelverfahren der Darstellung*).

*) Für die nur mit Formeln geschriebenen Fluoride sind an der betreffenden Stelle keine Vorschriften zur Darstellung gegeben worden.

III. Verfahren der Bestimmung.

IV. Übersicht und Aussicht.

Einleitung.

Das Gebiet der binären Fluoride ist unserem Wissen nunmehr bis auf einige wenige Lücken erschlossen. Dessen Eroberung hat manche Jahre heftigen Kampfes gekostet und manches Opfer nicht nur bildlich, sondern auch in aller Wirklichkeit gefordert. Einem Louyet kosteten diese Kämpfe das Leben, anderen brachten sie schwere Schädigung der Gesundheit. Kaum einer hat auf diesem Gebiet mit Erfolg gearbeitet, ohne verdienstvolle Wunden davongetragen zu haben. So dürfte es nun wohl auch an der Zeit sein, für diejenigen, welche den Kampf fortzusetzen gedenken, die Erfahrungen zusammenzutragen, welche zu den bisher erzielten Erfolgen geführt haben.

Moissan, der erfolgreichste Forscher auf dem Gebiet des Fluors und der Fluoride hat in seinem bekannten Buch: „Le Fluor et ses composés" von diesen Erfahrungen zwar viele verwertet, aber das Gebiet hat sich seitdem erheblich erweitert; auch bildet Moissans Buch in erster Linie eine Zusammenstellung von eigenen Arbeiten. Manches, uns heute wesentlich Erscheinendes kommt darin verhältnismäßig kurz, manches Unwesentliche dagegen sehr stark zur Geltung, während es die Aufgabe der folgenden Zeilen sein soll, die Wege, welche zu den verschiedenen Fluoriden führen und deren Kennzeichnung ermöglichen, systematisch und möglichst gleichmäßig darzustellen; dabei sollen die Besonderheiten an Einrichtungen, Verfahren und Vorsichtsmaßregeln, welche entwickelt werden mußten, übersichtlich zusammengestellt werden.

So bringt denn der erste Teil dieses Buches zunächst eine Übersicht über die beim Arbeiten mit Fluor und Fluoriden zu beachtenden Vorsichtsmaßregeln und die Einrichtungen und Arbeitsverfahren. Die Wege zu den einzelnen Fluoriden und zum Fluor selbst weist der zweite. Am Ausgang für alle diese Wege steht der Fluorwasserstoff, welchen man aus Flußspat oder Kryolith und Schwefelsäure entweder als rohen, etwa 95proz. Fluorwasserstoff oder als Flußsäure in wässeriger Lösung erhalten kann. Von der Flußsäure aus gelangt man über die Alkalibifluoride weg zum reinen Fluorwasserstoff und zum Fluor. Mit den drei so gekennzeichneten verschiedenen Formen des Fluorwasserstoffs und mit dem Fluor lassen sich alle Fluoride gewinnen; so ergeben sich denn als natürliche Unterteilung des zweiten Teiles vier Kapitel, von denen die ersten drei den drei Formen des Fluorwasserstoffs und den aus diesen darstellbaren Fluoriden, das vierte aber dem Fluor und denjenigen Fluoriden gewidmet ist, für welche Fluor der mehr oder minder unentbehrliche Ausgangsstoff ist. Im dritten Teil des Buches werden dann noch die Mittel zur Orientierung auf den eingeschlagenen Wegen, d. h. die wichtigsten Verfahren zur Analyse der Fluoride beschrieben. Es ist der kürzeste der drei Teile; denn dieser Verfahren sind nur wenige.

Der den Schluß des Buches bildende vierte Teil gibt einen Überblick über das bisher Erreichte und einen Ausblick in die Zukunft. Er mag den Blick auf die Aufgaben lenken, deren Bearbeitung für die Zukunft von besonderem Interesse sein dürfte.

Bei der Fertigstellung und Korrektur des Buches erfreute ich mich der Unterstützung des Herrn Dr. Hans Julius Braun; es sei ihm auch an dieser Stelle dafür gedankt.

I. Allgemeines.

Bei der Abfassung der folgenden Zeilen stützte sich der Verfasser auf die Erfahrungen, welche er bei der Darstellung kleinerer Mengen der verschiedensten Fluoride in möglichst reiner Form zum Zwecke wissenschaftlicher Untersuchung gesammelt hat. Dabei erwies sich ein gewisses Mindestmaß von besonderen Einrichtungen des Laboratoriums mit Rücksicht auf die unangenehme physiologische Wirkung der Flußsäure und die Flüchtigkeit gar vieler Fluorverbindungen zur Verhütung von Unglücksfällen als unumgänglich nötig.

1. Verhütung von Unglücksfällen.

Gasförmige und wässerige Flußsäure, sowie alle sehr reaktionsfähigen Fluoride (OsF_8, WF_6, SbF_5, TiF_4 usf.) veranlassen, wenn sie in größerer Konzentration mit der Haut oder den Schleimhäuten in Berührung gebracht werden, die Bildung schmerzhafter Blasen und schwer heilender Wunden, welche unter Umständen eine erhebliche Ausdehnung nach Breite und Tiefe annehmen können.

Besonders energisch wirkt in dieser Beziehung die wasserfreie Flußsäure. Wo diese mit der Haut oder den Nägeln in Berührung kommt, zerstört sie diese in kürzester Zeit. Schon die kleinste Menge macht sich bemerkbar; mehr oder minder schnell, je nach der Menge, zeigt sich ein weißer Fleck und es stellen sich Schmerzen ein; der Fleck verbreitert sich, die Schmerzen werden größer, machen selbst Schlafen unmöglich, und unter Umständen stellt sich auch etwas Fieber ein. Gleichzeitig bildet sich eine tiefgehende, mit Eiter gefüllte Blase mit ziemlich dicker Wandung. Erst nach etwa ein- bis dreimal 24 Stunden lassen die Schmerzen wieder nach.

In geringerer Konzentration, 1 Vol HF : 1500 Vol. und mehr Luft, sind die Flußsäuredämpfe ohne Nachteil für die Luftwege und können auf Tuberkulose, Keuchhusten und ähnliche Krankheiten sogar günstig wirken. Ähnlich ist auch verdünnte wässerige Flußsäure — schon mit etwa 20% — für die Haut an den Fingern ganz ungefährlich, wenn deren Wirkung keine zu langdauernde ist, obwohl sie noch in einer Verdünnung von 1 : 3000 antiseptisch und antifermentativ wirkt.

Bei längerer Einwirkung auf die Haut können selbst so unschuldig erscheinende Fluoride wie das Natriumsilikofluorid unangenehme Folgen zeitigen. So mußte in dem Kriege 1914/15 vor der Verwendung eines Ungeziefermittels „Plagin" gewarnt werden, welches aus 2 Teilen Anispulver, 1 Teil Zucker, 2 Teilen Kalziumkarbonat und 95 Teilen Natriumsilikofluorid bestanden hatte. Dasselbe bewirkte an den Hautstellen, an denen es eingestreut war, bald ein starkes Jucken; es bildeten sich kleine Bläschen (Eiterpickel), die nach 24 Stunden aufbrachen und allmählich zur Bildung von Defekten führten, welche zum Teil wie mit einem Locheisen gestemmt aussahen und linsen- bis pfennigstückgroß wurden[11])[122]).

Das Fluorjon (z. B. in Form von NaF oder aus Na_2SiF_6) wirkt auch innerlich giftig und veranlaßt, wie wir aus eigener Erfahrung berichten können, schon in kleinen Mengen (etwa 0,1 g) recht unangenehme Magen- und Verdauungsstörungen; es wird nur in 10—20fach kleinerer Menge ohne Beschwerden ertragen.

Infolge der Mangelhaftigkeit ihrer Einrichtungen hatten manche der Forscher, welche sich früher mit der Fluorwasserstoffsäure und ihren Verbindungen beschäftigt haben, unter der Wirkung dieser schwer zu leiden.

Bereits Gay-Lussac und Thénard haben auf die Gefährlichkeit der Dämpfe der Flußsäure hingewiesen, und auch Davy litt während seiner Untersuchungen beträchtlich unter deren Wirkung. Davys Finger wurden unter den Nägeln wund; seine Augen schmerzten für mehrere Stunden, wenn sie mit den Dämpfen in Berührung gekommen waren; infolge des Einatmens der Dämpfe erkrankte er schwer. Einer der Brüder Knox berichtet, er sei genötigt gewesen, 3 Jahre in Neapel zuzubringen, um sich von den Folgewirkungen seiner Versuche zu erholen, und sei trotzdem noch ziemlich leidend zurückgekehrt. Louyet bezahlte seine Hingebung an die Wissenschaft mit dem Leben[153]).

Auf der anderen Seite hat der Verfasser die Erfahrung gemacht, daß man sich bei einiger Vorsicht vor größerem Schaden wohl bewahren kann; wo sich ein solcher in seinem Laboratorium gelegentlich einstellte, da war es immer mangelnde Vorsicht, die ihn veranlaßt hatte. Es sind drei Fälle, deren Erwähnung hier nützlich sein dürfte.

In dem ersten waren es die Dämpfe wässeriger Flußsäure, welche beim Einkochen einer größeren Menge (etwa 300 ccm) einer nur schwach sauren konzentrierten Silberfluoridlösung auftraten. Die Dämpfe trafen die Spitzen der ungeschützten Finger, in denen der Experimentierende einen Platinspatel mit etwas zu kurzem Stiel hielt. Die Lösung sollte unter starkem Umrühren während etwa einer halben Stunde zur Trockne gebracht werden. Noch während der Arbeit zeigten sich Schmerzen unter den Fingernägeln, die sich rasch verstärkten und im Verlaufe von etwa 2 Tagen eine Eiterung einleiteten, in deren Gefolge schließlich zwei Nägel abgenommen werden mußten.

Im zweiten Fall wurde dem Verfasser beim Umgießen wasserfreier Flußsäure aus dem Vorratsgefäß in den Fluorapparat ein Teil der Säure von dem zu ängstlichen Mitarbeiter über die Hand gegossen. An den zunächst getroffenen Stellen löste sich die Haut binnen wenigen Sekunden bis auf das Fleisch ab und führte zu einer Verbrennung dritten Grades, deren Heilung im Laufe von etwa 4 Wochen durch Vernarbung erfolgte, während sich rund herum in einem Bereich von etwa 2 cm binnen etwa 24 Stunden nach dem Unfall Brandblasen zweiten Grades bildeten, deren Öffnung und Entfernung sich gleichfalls als nötig erwies, so daß eine ziemlich ausgedehnte Wundfläche entstand.

Im dritten Falle spritzte einem unserer Mitarbeiter, beim Lösen der Vorlage des zur Fluorwasserstoffdarstellung dienenden Apparates (siehe unten) von dem Kühler, gegen Ende der Destillation, wasserfreie Säure entgegen; durch übergespritztes Kaliumfluorid hatte sich der Eingang zur Vorlage verstopft und in der Retorte etwas Überdruck gebildet. Zum Glück schloß der betr. Herr sofort die Augen. An allen direkt getroffenen Stellen im Gesicht entstanden Verbrennungen dritten Grades, in der Umgebung, insbesondere auch an den Lidern, solche leichterer Art; auch die Augen schienen gefährdet. Gleichwohl heilte alles im Verlaufe einiger Wochen tadellos, bis auf einige noch lange Zeit häßlich aussehende Narben.

Mehrfach ließ es sich nicht vermeiden, daß auch etwas Flußsäuredämpfe eingeatmet wurden; sie veranlaßten nur in einem Fall vorübergehend Stiche in der Brust, gaben aber sonst zu keiner größeren oder dauernden Schädigung Veranlassung. Es unterliegt nach den Erfahrungen von Davy, Knox und Louyet aber keinem Zweifel, daß unter ungünstigeren Verhältnissen die Folgen des Einatmens sehr viel schwerere sein können.

Das Fluor selbst ist nur in Anbetracht der geringen Menge und Konzentration, in der es gewöhnlich zur Verfügung steht, weniger gefährlich. Seine Wirkung auf die Atmungsorgane ist etwas anderer Art als die der Flußsäure und ähnelt mehr derjenigen des Ozons. Es greift in konzentrierterer Form natürlich auch die Schleimhäute der Augen, Nase und des Rachens an, veranlaßt danach aber eine Anästhesie der Nasenschleimhaut und eine heftige Entzündung der Bronchien; die letztere kann die Atmung verhindern und das unangenehme Gefühl des Erstickens verursachen. Eine Wirkung auf die Haut beobachteten wir nur, als wir ein mit Fluor gefülltes Kölbchen mit dem Finger zuhielten; an der betr. Stelle bildete sich wie bei Fluorwasserstoff eine tiefe Brandblase. (Ebenso wirken aber auch die gasförmigen Fluoride, das Uran-, Wolfram- und Molybdänhexafluorid, das Osmiumoktafluorid und Arsenpentafluorid.)

2. Laboratoriumseinrichtungen.

Schutzmittel.

Das erste Erfordernis für das Arbeiten mit Fluor und Fluoriden ist deshalb ein guter Abzug, hinreichend geräumig — etwa 2 m lang und 1 m tief, so daß darin auch größere Apparate aufgebaut werden können — und möglichst hell für die Beobachtung. Da die Fenster des Abzugs in kurzem unschön verätzt und matt werden, tut man gut, sie von vornherein aus weiß mattiertem Glase zu wählen. Oben und unten sollten mehrere Abzugsöffnungen derart vorgesehen sein, daß der Zug der Gase beliebig geleitet werden kann.

Da es immer einmal vorkommen kann, daß man mit Flußsäure beschmutzte Apparateteile anfaßt, z. B. beim Lösen von Verbindungsstellen am Fluorapparat, so hält man sich Gummifinger bereit, die für derartige Fälle übergezogen werden. Ganze Gummihandschuhe sind nicht nötig. Immer aber hält man sich eine etwa 3 proz. Kalilauge oder Ammoniak- oder 10 proz. Ammonkarbonatlösung (wir benutzten nur die beiden letzteren) vorrätig, in welche man sofort die Finger taucht, wenn sie mit wasserfreier oder hochkonzentrierter (über 60%) Säure in Berührung gekommen sind. Stellen sich Schmerzen ein, so sind die Finger in dieser Lösung 1—2 Stunden lang andauernd zu baden, oder es sind Kompressen mit diesen Lösungen aufzulegen. Gino Gallo[80]) empfiehlt Injektionen mit einer stets vorrätig zu haltenden 1 proz. Natronlauge unter die Haut an der verletzten Stelle; Eiterungsn sollen dadurch gänzlich vermieden werden.

Gar häufig wird sich durch diese Mittel die Bildung von schwereren Brandblasen vermeiden lassen. War solches nicht möglich, mußten die Blasen geöffnet und dann alle lose Haut vollständig entfernt werden, oder liegen Verbrennungen dritten Grades vor, so heilt man die offenen Wunden durch Auflegen stark feuchter Kompressen von essigsaurer Tonerdelösung. Man halte im Laboratorium deshalb stets auch diese Lösung, sowie Watte und einige Mullbinden vorrätig.

Daß man an Apparate mit wasserfreier Flußsäure oder leicht flüchtigen Fluoriden nicht herantritt, ohne die Augen zuvor durch eine Brille zu schützen, braucht wohl kaum erst besonders betont zu werden.

Da die wichtigsten Apparate am besten aus Kupfer und mit Gewinden zusammengesetzt werden, sollten im Laboratorium wenigstens auch eine kleine Drehbank mit dem nötigen Zubehör an Gewindeschneidern, Feilen, Zangen und Schraubschlüsseln und Hartlot vorhanden sein. Mit Weichlot wird wegen dessen geringer Widerstandsfähigkeit gegen Flußsäure grundsätzlich nicht gelötet.

Geräte.

A. Für trockene Fluoride.

a) Aus Glas: Die meisten Fluoride und das Fluor selbst greifen gutes Glas bei Zimmertemperatur nur äußerst langsam oder gar nicht an, solange sie vollkommen frei von Fluorwasserstoff bzw. Feuchtigkeit sind. Fluorwasserstoff reagiert mit Glas sofort und sehr energisch, Wasser bzw. Kieselflußsäure und Siliziumtetrafluorid bildend, wobei das erstere bei hydrolytisch leicht spaltbaren Fluoriden katalytisch die weitere Umsetzung dieser herbeiführen kann. Die

Bildung von Fluorwasserstoff aus Fluor und Fluoriden kann ebenso wie durch Feuchtigkeit auch durch andere wasserstoffhaltige Stoffe, z. B. solche organischer Herkunft, veranlaßt werden. Die Reinigung und das Trocknen des Glases müssen deshalb sehr sorgfältig geschehen.

Das Trocknen: Man erhitzt die sorgfältig gereinigten und lufttrockenen Glasteile, um auch die permanente Wasserhaut zu entfernen, vor dem Versuch mit dem Brenner bis auf etwa 500° und saugt gleichzeitig einen durch Phosphorpentoxyd getrockneten Luftstrom langsam durch sie hindurch; die getrockneten Apparate müssen vor dem Zutritt feuchter Luft überall durch Phosphorpentoxydröhren geschützt werden. Bei den Versuchen selbst ist aber wohl zu beachten, daß Fluorwasserstoff und manche anderen Fluoride mit Phosphorpentoxyd gasförmiges Phosphoroxytrifluorid bilden. Die Verwendung von Gummischläuchen ist bei Glasapparaten möglichst zu vermeiden, selbst dann, wenn es sich um die Zuleitung indifferenter Gase handelt.

Dichtungen: Wo Dichtungen nicht gut zu vermeiden sind, schiebt man die Glasteile konisch ineinander oder über die Metallteile derart, daß der erweiterte Teil der Richtung des Gasstromes entgegen zu liegen kommt, und dichtet dann nur noch die Fugen mit Siegellack. Letzteres muß aber so geschehen, daß die Flammengase mit dem Glase nicht früher in Berührung kommen, als bis die Fuge zunächst vorläufig mit dem erweichten Siegellack verschlossen worden ist; alsdann erst schmilzt man die Dichtungsstelle mit der Flamme glatt und achtet darauf, daß der Siegellack hierbei nicht etwa soweit überhitzt wird, daß er Blasen wirft. Marineleim eignet sich für gasförmige Fluoride zu Dichtungszwecken sowenig wie alle anderen Guttaperchakitte. Häufig hat uns Kupferamalgam*) [254]), welches man in Form kleiner Rhomboeder von den Zahnärzten beziehen oder auch selbst anfertigen kann, nützliche Dienste geleistet. Man erhitzt es in einem eisernen Löffelchen, bis eben Quecksilbertröpfchen an dessen Oberfläche austreten, zerreibt es dann rasch in einem kleinen Mörserchen, bis es plastisch ist, und drückt es nun in die saubere Fuge ein. Soll das Amalgam auf Glas besonders gut halten, so wird das letztere erst platiniert und dann verkupfert. Zum Platinieren bestreicht man das Glas mit einer Lösung von Platinsulfid in Schwefelbalsam, wie solche als „Platinierungsflüssigkeit“ käuflich bezogen werden kann, und erhitzt vorsichtig, bis der Platinspiegel rein erscheint. Dies wiederholt man 2—3 mal und verkupfert dann in der üblichen Weise auf galvanischem Wege. (Ein in solcher Weise verkupfertes Glasrohr läßt sich bei einiger Vorsicht sogar mit Weichlot in ein Kupfer- oder Bleirohr einlöten.)

Fig. 1.

Bei der Aufbewahrung von festen oder flüssigen Fluoriden in Glasgefäßen hat man stets mit der Bildung von gasförmigem Siliziumtetra-

*) Zinn- oder Kadmiumamalgame sind nicht brauchbar.

fluorid, bei derjenigen in Blei- oder Kupfergefäßen mit der Bildung von Wasserstoff zu rechnen, und darf deshalb beim Öffnen der Gefäße die nötige Vorsicht (Brille!) nicht außer acht lassen.

b) Aus **Kupfer:** Kupfer ist nicht nur gegen Fluor und trockene fluorwasserstoffreie Fluoride, sondern auch gegen Fluorwasserstoff sehr beständig. Es kann in letzterem bis zur dunklen Rotglut erhitzt werden. Aus Kupfer fertigt man deshalb den Apparat zur Erzeugung wasserfreier Flußsäure, die Vorratsgefäße für die letztere und den Fluorapparat selbst, aus ihm, soweit irgend möglich, auch alle übrigen Apparateteile, bei denen eine Durchsichtigkeit oder die Anwendung höherer Temperaturen in Gegenwart von Fluor oder leichter reduzierbaren Fluoriden nicht erforderlich ist. Lötungen müssen durch Anbringen von Gewinden oder geeignete Formgebung oder durch Treiben möglichst vermieden, und wenn dies nicht möglich ist, mit Hartlot hergestellt werden. Am besten ist es, alle Verbindungen in der beistehend gezeichneten Weise auszuführen, mit einem und demselben Gewinde und überall gleichem Konus bzw. Schliff bei allen Apparaten: auf der einen Seite des Apparates eine Überfallmutter über dem konisch auslaufenden Ende, auf der anderen Seite ein Gewinde

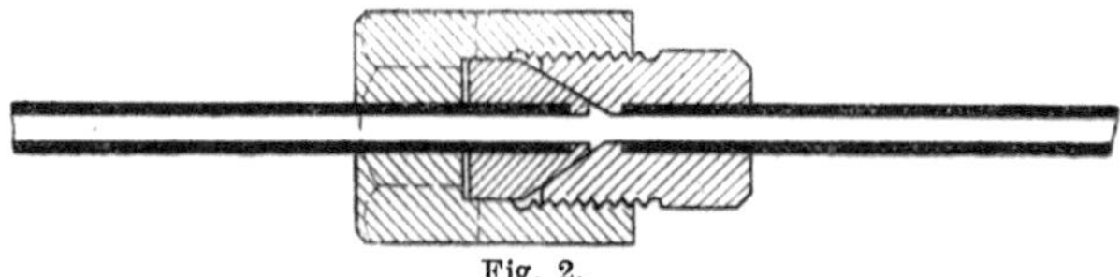

Fig. 2.

über dem zum Konus passenden Schliff. Derartige Verbindungen machen besondere Dichtungen entbehrlich; wenn solche in einzelnen Fällen trotzdem angebracht werden müssen, so sind sie nicht aus Blei (siehe unten), sondern Kupferblech**) anzufertigen.

Bei der Reinigung kupferner Gefäße ist stets darauf Bedacht zu nehmen, daß kein Kupferoxyd an der Oberfläche bleibt oder erzeugt wird; denn dieses würde mit Fluorwasserstoff die Bildung von Wasser veranlassen. Während des Trocknens schickt man deshalb einen Wasserstoffstrom durch die Gefäße hindurch und läßt sie in diesem erkalten.

c) Aus **Blei:** Unsere Erfahrungen mit diesem Material sind wenig gute, soweit es sich um wasserfreie Flußsäure handelt. Unter Entwicklung von Wasserstoff und starker Volumvergrößerung geht Blei allmählich in Bleifluorid über, das bei engeren Röhren da, wo es als Dichtungsmaterial Verwendung findet, leicht Verstopfungen veranlaßt, bei größeren Apparaten aber zu einer Verschlammung der Säure führt.

Für Gefäße zur Aufbewahrung von Arsentrifluorid hat es sich bewährt, obwohl sich auch in diesem Falle mit der Zeit erhebliche Mengen von Bleifluorid bildeten.

**) Dasselbe wird durch Glühen vorher weich gemacht.

d) Aus **Platin:** Platin ist das beste, aber auch teuerste Material; dessen Verwendung kann viele Arbeit und vielen Ärger ersparen. Platin ist dann unbedingt nötig, wenn es sich um die Darstellung kleinerer Mengen von flüchtigen Fluoriden in reiner Form handelt. Bei größeren Mengen läßt sich dasselbe Ergebnis gewöhnlich auch in Glas- oder Kupfergefäßen erreichen. Die meisten flüchtigen Fluoride reagieren aber mit der Kupferoberfläche zunächst derart, daß Kupferfluorür und ein an Fluor ärmeres Fluorid auf ihr als dünner Überzug niedergeschlagen werden; die Folge davon sind naturgemäß Verluste bzw. weniger reine Präparate — beides Umstände, welche nur bei der Verarbeitung größerer Stoffmengen weniger stark ins Gewicht fallen. Neben Tiegeln, Schalen, einem Spatel mit langem (15 cm) Platinstiel und den Elektroden für den Fluorapparat sollte man mindestens noch ein etwa 60 cm langes und 1 cm weites und am Ende auf eine Länge von etwa 4 cm zu 0,3 cm verjüngtes Platinrohr mit zwei dazu passenden, je 10 cm langen Schiffchen besitzen. Bei der Darstellung von Antimonpentafluorid dürfen außerdem eine Platinretorte von 500 ccm Inhalt mit Aufsatz, Helm und Kühler (siehe Antimonpentafluorid S. 50), sowie ein etwa 30 ccm fassendes Platinfläschchen nicht fehlen.

Als Dichtungsmaterial für Platin auf Platin an Platingefäßen, in denen mit Fluorwasserstoff gearbeitet wird, hat sich Schwefel vorzüglich bewährt. Die zusammenzudichtenden Apparateteile werden erwärmt, mit geschmolzenem Schwefel bestrichen und rasch ineinander gesteckt. Als Dichtungsmaterial für Platin mit Kupfer ist Schwefel weniger brauchbar. Die Bildung von Kupfersulfür verhindert festes Haften und bei länger dauernder Berührung (insbesondere bei Gegenwart von Fluorwasserstoff) setzt sich die Bildung von Kupfersulfür unter starker Volumvermehrung auch in der Kälte fort, so daß die Schwefeldichtungen, dem Druck ausweichend, zerbröckeln. Kupfer wird an Platin am besten durch Anschleifen und Abdichten der Schliffugen mit Kupferamalgam (bei nicht zu großen Temperaturschwankungen auch Siegellack) angesetzt, wie dies bei den Dichtungen für Glas auf Glas oben erwähnt worden ist.

e) Aus **Gold:** Das Gold wird ähnlich wie das Platin von Fluor oberhalb etwa 350° langsam angegriffen, verhält sich aber gegen Fluorwasserstoff ganz indifferent. Es läßt sich deshalb als Ersatz für Platin ohne weiteres verwenden, wo seine Weichheit und die entsprechend schwerere Ausführung der Geräte dem nicht im Wege stehen. Durch die letztere wird der Vorteil des niedrigeren Preises zum Teil wieder aufgehoben; auch wird man stets beachten müssen, daß der leichteren Schmelzbarkeit wegen die Verwendbarkeit der Goldgeräte eine wesentlich beschränktere ist. Den Vorteil niedrigeren Preises bei ähnlich großer Widerstandsfähigkeit (bei Zimmertemperatur) bieten auch die mit Platin dublierten Gefäße. Bedenkt man aber, daß die Preisdifferenz: Altmaterial — Neumaterial bei Platin günstiger als bei dubliertem Metall ist, und daß deshalb nur die erste Anschaffung von Platin verhältnismäßig größere Kapitalien erfordert, während dessen

Unterhaltung billiger ist, so wird man ohne besondere Gründe doch immer dem Platin den Vorzug geben.

Außer den genannten Stoffen sind in besonderen Fällen auch noch manche anderen angewendet worden.

f) **Aus Gußeisen oder Fluoriden:** Die Darstellung von Fluorwasserstoff aus Kalziumfluorid oder Kryolith und konz. Schwefelsäure läßt sich in Retorten aus Gußeisen ausführen.

Zu der Zeit, als größere rissefreie Flußspatstücke noch zu haben waren, sind gelegentlich Röhren und Schalen aus diesem Material verwendet worden, obwohl natürlicher Flußspat bei stärkerem Erhitzen leicht in tausend Stücke springt. Heute ist solcher Flußspat nicht mehr aufzutreiben; wir haben dafür gelegentlich Schiffchen aus Kryolith gefertigt. Noch besser bewährten sich solche, welche aus einer Mischung von 3 Teilen Lithiumfluorid mit 7 Teilen Kryolith unter Zugabe von Stärkekleister geformt und dann bis zum Sintern gebrannt worden waren (Berichte d. Deutsch. chem. Gesellsch. *46*, 926).

g) Aus **organischen Stoffen:** Für Fluor, flüssige wasserfreie Flußsäure und die meisten flüssigen Fluoride sind Gefäße aus organischen Stoffen nicht, für gasförmige Fluoride nur in einzelnen Fällen zu brauchen. Fluor verbrennt organische Stoffe; Stoffe wie Zeresin (Hartparaffin) und Guttapercha werden von flüssigem Fluorwasserstoff und manchen anderen Fluoriden gelöst. Gasförmiger Fluorwasserstoff dringt in Zeresin und Guttapercha zwar nur langsam ein; aber bei dünnen Schichten auf Glas, in Röhren, Exsikkatoren u. dgl. dürfte es doch nur eben dieser Umstand sein, der allmählich die Bildung von Siliziumtetrafluorid zwischen Glas und Schutzschicht und daraufhin das Blasigwerden und Abblättern der Schutzschicht veranlaßt.

B. Für Fluoridlösungen.

a) **Platin** und **Gold** sind auch in diesem Falle, bei dem es sich immer um die Wirkung wässeriger Flußsäure oder um diejenige von Alkalifluoriden handelt, die geeignetsten Stoffe, während kieselsäurehaltige Materialien nur für alkalische Fluoridlösungen und auch da nur vorübergehend gebraucht werden können.

b) **Überzüge auf Glas usw.** Hat man nur in der Kälte und mit Flußsäurelösungen, die nicht wesentlich stärker als 40prozentig sind, zu arbeiten, so kann man Glas, Porzellan u. dgl. vor der Wirkung der Flußsäure vorübergehend durch Überzüge mit gelbem Bienenwachs oder einer Mischung aus gleichen Teilen Bienenwachs und Zeresin oder — besonders bei größeren Gefäßen — mit Marineleim oder anderen Guttaperchamischungen schützen. Überzüge aus reinem Paraffin oder Stearin haben sich nicht bewährt. Man erwärmt das gut gereinigte und getrocknete Glas im Trockenschrank, schwenkt es mit dem geschmolzenen Überzugsstoff aus und läßt es unter ständigem Drehen erkalten.

c) **Zeresin, Guttapercha usw.** An Stelle von Glasgefäßen mit Überzügen kann man auch Gefäße aus Hartparaffin, Zeresin, Guttapercha, Hartgummi oder Zelluloid verwenden. Hartgummi ist am wenigsten empfehlenswert, weil er zu häufig mineralische, in der Säure lösliche Bestandteile enthält; aber auch Guttapercha verunreinigt bei längerem Stehen reine Flußsäure durch ihren Eisengehalt und die Abgabe löslicher organischer Stoffe, welche die Säure allmählich gelb färben. Flußsäure aus solchen Gefäßen, welche bei Permanganattitrationen Verwendung finden soll, muß stets zuvor auf ihren Verbrauch an diesem Reagens hin untersucht werden.

d) Als Unterlage für **mikroskopische Präparate** bedienen wir uns an Stelle der Objektträger Glimmerblättchen und des gleichen Stoffes auch für Deckgläschen; unter Umständen kann man auch gewöhnliche Objektträger und Deckgläschen mit einer Lösung von Kanadabalsam in Xylol (in Zinntuben käuflich) überziehen und so verwenden.

e) **Holz:** Beim präparativen Arbeiten in größerem Maßstab benutzt man am besten Gefäße aus harzreichem dichtem Pitchpine- oder Lärchenholz und kann verdünnte Lösungen in solchen selbst zum Sieden erhitzen. Im Laboratorium aber wird man dann, wenn man in der Wärme zu arbeiten hat, auf Platin- oder Gold- oder evtl. auch dublierte Gefäße (siehe oben) zurückgreifen. Solches wird auch schon beim Arbeiten in der Kälte nötig, wenn man mit konz. Flußsäure (mehr als 40%) zu tun hat.

f) **Blei, Kupfer, Silber:** Sind die Ansprüche an die Reinheit der Flußsäurelösungen weniger groß, so läßt sich kalt wie heiß auch in Blei- und Kupfergefäßen arbeiten.

Bleifluorid ist in wässeriger Flußsäure zwar fast unlöslich; es bildet sich bei Zutritt von Luft und längerer Einwirkung davon aber trotzdem derart viel, daß von dem abgesetzten Bleifluorid dekantiert werden muß, wenn man klare Lösungen haben will. Auch das Kupfer wird bei Zutritt von Luft durch Flußsäurelösungen ziemlich stark angegriffen, so daß die Lösungen allmählich eine bläuliche Färbung bekommen, da das Kupferfluorid in Lösung bleibt. Es muß deshalb als Regel gelten, Flußsäurelösungen in Kupfer- oder Bleigefäßen rasch, z. B. unter ständigem Sieden (nicht etwa durch Eindunsten auf dem Wasserbad), zu verarbeiten und in Kupfer oder Blei an der Luft keinesfalls länger herumstehen zu lassen, als unbedingt nötig ist.

Silber hat dem Kupfer und Blei gegenüber keine Vorzüge und ist teurer.

3. Verfahren.

Sowohl bezüglich der Darstellung als auch der Reinigung der Fluoride lassen sich einige allgemeine Gesichtspunkte geltend machen*).

---

*) Es sollen im folgenden nur wirklich gangbare Darstellungsverfahren, aber keine Bildungsmöglichkeiten berücksichtigt werden.

Wir ordnen die verschiedenen Fluoride zu dem Zweck in drei Gruppen:

a) Solche, welche unter 60° C sieden, z. B. BF_3, SiF_4, PF_3, PF_5, AsF_5, VF_5, SF_6, SeF_6, TeF_6, MoF_6, WF_6, UF_6 und OsF_8;
b) solche, welche zwischen 60 und etwa 300° sieden, z. B. AsF_3, SbF_5, TiF_4, NbF_5, TaF_5;
c) solche, welche darüber oder nicht unzersetzt sieden. Es sind dies vor allem die vielen Fluoride und Oxyfluoride und die Verbindungen dieser mit Ammoniak, Wasser und fremden Salzen, welche aus wässeriger Lösung gewonnen werden, daneben aber auch manche nur unter Ausschluß von Wasser darstellbaren Fluoride, wie z. B. das Zinntetrafluorid SnF_4, Quecksilberfluorid HgF_2 und einige andere.

a) Erste Gruppe.

Die Fluoride werden entweder durch direkte Behandlung der Grundelemente mit Fluor oder durch doppelte Umsetzung der entsprechenden schwerer flüchtigen Chloride mit solchen Fluoriden dargestellt, deren Flüchtigkeit kleiner ist als diejenige des entstehenden Fluorids. Eine Ausnahme hiervon bilden nur die Darstellungsverfahren für BF_3 und SiF_4, bei denen nicht die Chloride, sondern die Oxyde des Bors und Siliziums mit Fluorwasserstoff umgesetzt werden.

Die Reinigung der Rohfluoride wird in fast allen Fällen am einfachsten in der Weise durchgeführt, daß das Rohfluorid zunächst in einer geeigneten Vorlage in flüssiger Luft verdichtet und dann in der beistehend abgebildeten Apparatur (Fig. 3) fraktioniert destilliert wird. Man hat bei dieser Art der Reinigung die Möglichkeit, nebenbei auch Schmelz- und Siedetemperatur, Dampfdruck und Dampfdichte der Gase festzustellen (Ausnahmen UF_6, OsF_8).

Die Gefäße, welche zur Aufnahme der Gasfraktionen bestimmt sind, sind in größerer Zahl vorhanden und haben alle die Form von *B*. Sie sind auf das sorgfältigste zu trocknen und, sofern man mit der Reinigung eine Analyse oder Dichtebestimmung verbinden will, zu wägen.

Die in flüssiger Luft steckende Vorlage z. B. der Form *A*, in welcher das zu fraktionierende Rohfluorid verdichtet worden ist, wird bei *a* und eines der Gefäße *B* bei *b* angesiegelt, während die Hähne *d* und *e* offen sind. Dann werden *d* und *e* geschlossen und die Kolben *A* und *B* von *C* aus, wo hinter einem Trockenrohr mit Natronkalk eine geeignete Luftpumpe angeschlossen ist, evakuiert, bis der Druck an dem nicht gezeichneten Differentialmanometer der Pumpe praktisch konstant bleibt (bei hinreichend schwer flüchtigen Gasen wird das immer erst dann der Fall sein, wenn nicht bloß die Luft, sondern auch alles Siliziumtetrafluorid aus dem verdichteten Gase entfernt ist). Sobald das geschehen ist, wird *B* mit gestoßenem Eis auf 0° abgekühlt, der Hahn zur Luftpumpe geschlossen und die Kühlung von *A* ganz langsam so weit herabgesetzt, daß sich der Kolben *B* mit dem aus *A* verdampfenden Gase bis zum Atmosphärendruck füllt, was am Manometer zu verfolgen ist. Nun öffnet man die Hähne *d* und *e*, damit sich der Druck ausgleiche — es wird bei vorsichtigem Arbeiten hierbei nur wenig Gas verlorengehen — und schmilzt mit einem Handgebläse den Kolben *B* an der verengten Stelle *f* ab. Alsbald schließt man nun aber auch *e* und *d* wieder und setzt das Vorratsgefäß in die flüssige Luft zurück. Dadurch wird alles noch in der Apparatur befindliche Gas in das Vorratsgefäß zurückgesaugt. Wenn man dann *e* und *d* vorsichtig öffnet, also durch das Natronkalkrohr vor *e* atmosphärische Luft eintreten läßt, kann man das abgeschmolzene Rohrstückchen zu *B* entfernen und bei *b* einen neuen Kolben einsetzen.

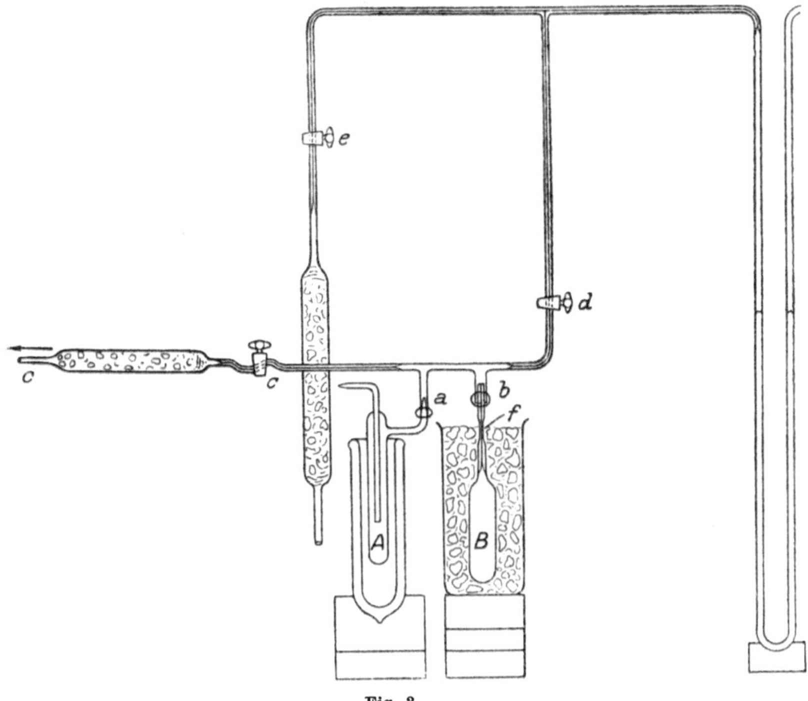

Fig. 3.

Wiegt man *B* mit dem abgeschmolzenen Rohrstückchen und bestimmt deren Inhalt durch Füllen und Auswägen mit Wasser (es läßt sich das mit Hilfe einer Wasserstrahlpumpe und Saugflasche unschwer erreichen), so erfährt man die Dichte der Gasfraktion. Für gewöhnlich ist solches kaum nötig; die Fluoride sind nach der Entfernung der ersten Fraktion rein genug, um alsbald endgültig in ein Vorratsgefäß übergeführt zu werden. Man arbeitet zu dem Zweck ebenso wie vorher, schließt zunächst das Vorratsgefäß bei *b* an, evakuiert und destilliert. Man tut nun aber gut, nicht etwa einfach die flüssige Luft von *A* zu entfernen, um das Fluorid überzutreiben; man bereitet vielmehr ein

Petrolätherbad mit flüssiger Luft, dessen Temperatur etwa 10—20° über der Siedetemperatur des darzustellenden Fluorids liegt, und setzt das Bad unter *A* an Stelle der flüssigen Luft. Die flüssige Luft aber verwendet man evtl. zur Kühlung des Vorratsgefäßes bei *b* derart, daß das Fluorid in *A* nicht allzu schnell absiedet.

Wird dieselbe Reihenfolge von Arbeiten mit Kolben B_1, B_2 usw. wiederholt, so wird man feststellen können, nach wievielmaligem Abpumpen von Gas eine konstante Gasdichte erreicht wird, und das Gas, solange dies der Fall ist, zunächst als rein betrachten dürfen. Ersetzt man die flüssige Luft beim Erwärmen von *A* durch ein Petrolätherbad in durchsichtigem Dewarzylinder, wie das eben beschrieben worden ist, so kann man leicht die Temperaturen bestimmen, bei denen das Fluorid schmilzt und den Dampfdruck von 1 Atm. erreicht, und durch solche Bestimmungen die Fraktionierung des Fluorids erleichtern.

b) Zweite Gruppe.

Mit Ausnahme des Arsentrifluorids, bei dem man vom Arsentrioxyd ausgeht, werden diese Fluoride aus den entsprechenden Chloriden durch Umsetzung mit Fluorwasserstoff erhalten.

Die Reinigung der Rohfluoride erreicht man auch hier durch fraktionierte Destillation. Nur beim Antimonpentafluorid ist dazu eine Platinretorte nötig (evtl. auch ein Gold- oder ein Platinkolben *D* mit Thermometereinsatz *f*, entsprechend Fig. 4). Die anderen Fluoride können auch aus Kupfergefäßen, das Arsentrifluorid bei nicht allzu großen Ansprüchen an Reinheit sogar aus Glas destilliert werden.

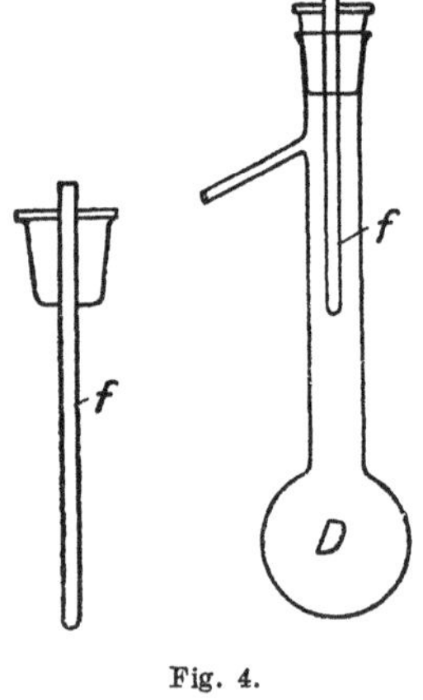

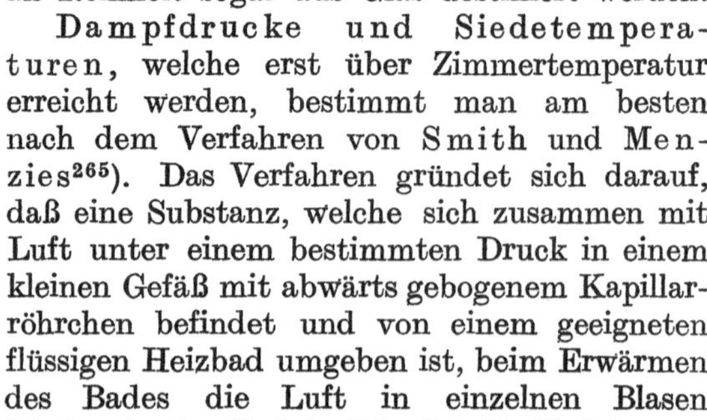

Fig. 4.

D a m p f d r u c k e und S i e d e t e m p e r a t u r e n, welche erst über Zimmertemperatur erreicht werden, bestimmt man am besten nach dem Verfahren von S m i t h und M e n z i e s[265]). Das Verfahren gründet sich darauf, daß eine Substanz, welche sich zusammen mit Luft unter einem bestimmten Druck in einem kleinen Gefäß mit abwärts gebogenem Kapillarröhrchen befindet und von einem geeigneten flüssigen Heizbad umgeben ist, beim Erwärmen des Bades die Luft in einzelnen Blasen zunächst langsam vor sich her in das Bad treibt. Ist die Siedetemperatur erreicht bzw. etwas überschritten, so treten die Blasen — jetzt aus dem Dampf der Substanz bestehend — in rascherer Folge nacheinander auf. Läßt man das Heizbad wieder etwas abkühlen oder vergrößert man den über der Heizflüssigkeit liegenden Druck, so läßt sich immer ein Punkt erreichen, bei dem keine Blasen mehr aus der Kapillare austreten, aber auch keine Flüssigkeit in dieselbe eingesogen wird. Alsdann hält der Dampf dem äußeren Druck, vermehrt um den Druck der Heizflüssigkeit, das Gleichgewicht, und dieser Druck ist der Dampfdruck der Substanz bei der Temperatur des Heizbades.

Das kleine Gefäß besteht aus Platin (z. B. bei OsF_8)[252]) oder Kupfer (z. B. bei NbF_5)[251]) oder auch aus Glas[232]). Ein aus Platin gefertigtes Gefäßchen zeigt die beistehende Fig. 5. Es hat nur 2 cm Länge und 3 mm Weite. Das U-förmig abwärts gebogene Kapillarröhrchen ist oben eingeschraubt und durch einen zwischen Flanschen liegenden Bleiring gedichtet. Wenn es mit Substanz gefüllt ist, wird es mit Platindraht an ein Thermometer gebunden und nun mit diesem in ein etwa 45 mm weites, starkes Reagenzglas mit der Heizflüssigkeit (z. B. Paraffin oder Schwefelsäure) eingetaucht. Das Glasgefäß wird mit einem doppelt durchbohrten Stopfen verschlossen, durch dessen eine Bohrung das Thermometer gesteckt wird und durch dessen andere ein Verbindungsrohr zu einer etwa 10 l fassenden, mit einem offenen Quecksilbermanometer versehenen Standflasche führt, welche zum Druckausgleich dient und durch eine Wasserstrahlpumpe vor Beginn der Dampfdruckbestimmungen auf einen etwas kleineren als den ungefähr erforderlichen Druck evakuiert wird.

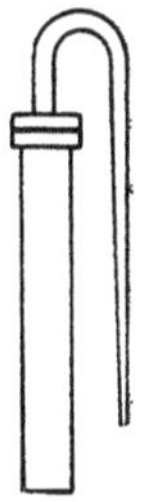

Fig. 5.

c) Dritte Gruppe.

α) **Anhydrische Fluoride.** Verhältnismäßig wenige anhydrische Fluoride, wie z. B. das LiF, CaF_2, SrF_2, BaF_2, MgF_2, AlF_3, PbF_2, und manche Doppelfluoride können wirklich wasserfrei aus einer wässerigen Lösung gefällt oder, wie z. B. die Alkalifluoride, durch Verdampfen aus ihrer Lösung abgeschieden werden; deren Darstellung wird unter β) kurz skizziert werden. Die meisten anhydrischen Fluoride müssen, wie das SnF_4, ZrF_4, VF_3, BiF_3, FeF_3, CrF_3, HgF_2 u. a., unter Ausschluß von Wasser gewonnen werden, da sie sich durch Wasser mehr oder minder weitgehend hydrolytisch spalten, je nach Temperatur und Flußsäuregehalt der Lösung.

Die aus wässeriger Lösung gefällten anhydrischen Fluoride sind zunächst meist amorph. Man erhält sie in kristalliner Form entweder durch Umschmelzen unter Ausschluß jeglicher Spur von Feuchtigkeit oder durch Umkristallisieren aus geeigneten Schmelzflüssen (z. B. Alkalichloriden) oder durch Erhitzen in einer Atmosphäre von Fluorwasserstoff. Wie angebracht es ist, bei diesen Arbeiten Luft und Feuchtigkeit möglichst fernzuhalten, zeigt am besten das Beispiel des Kalziumfluorids. Dasselbe wird durch Wasserdampf bei Rotglut allmählich hydrolysiert; es bilden sich Kalziumoxyd und Fluorwasserstoff. Das Kalziumoxyd, welches in dem Fluorid danach wohl als Oxyfluorid enthalten ist, erniedrigt die Schmelztemperatur des Kalziumfluorids und trübt es milchig. Die wahre Schmelztemperatur des Kalziumfluorids ist von den älteren Forschern dementsprechend außerordentlich verschieden, zwischen 900 und 1330°, gefunden worden, während sie in Wirklichkeit bei 1398° liegt. Das unter Ausschluß von Wasser in einer CO_2-Atmosphäre geschmolzene Fluorid ist vollkommen glasklar und durchsichtig, das an der Luft geschmolzene immer trübe.

Die verschiedenen Verfahren zur Darstellung anhydrischer kristallisierter Metallfluoride lassen sich etwa wie folgt gruppieren[192]):

a) Für sehr schwer flüchtige binäre Fluoride, wie das CaF_2, SrF_2, BaF_2, MgF_2 und die Fluoride des Lithiums und Bleis:

1. Schmelzen der amorphen, aus wässeriger Lösung gefällten Fluoride mit Alkalichlorid (z. B. für CaF_2, MgF_2, LiF; dagegen bilden BaF_2, PbF_2 und mehr oder minder weitgehend auch SrF_2 Fluochloride).

2. Schmelzen derselben Fluoride mit gleichen Teilen Kaliumbifluorid und Kaliumchlorid (nur das PbF_2 bildet noch ein Fluochlorid).

3. Schmelzen der wasserfreien Chloride der betreffenden Metalle mit Kaliumbifluorid (verwendbar wie bei 2).

b) Für weniger schwer flüchtige binäre Fluoride, wie das AlF_3, ZnF_2, CdF_2, NiF_2, CoF_2, FeF_3, CrF_3, CuF_2, Cu_2F_2 und auch das PbF_2 neben anderen:

Da diese Fluoride mit Ausnahme des Aluminium- und Bleifluorids aus wässeriger Lösung nicht wasserfrei zu erhalten sind, geschieht deren Darstellung:

1. durch Zersetzen ihrer Doppelsalze mit Ammoniumfluorid (siehe unter c) in einem indifferenten Gasstrom bei etwa 260° und darauffolgendes starkes Erhitzen bis zum Schmelzen oder Sublimieren bzw. Kristallinwerden (ziemlich allgemein anwendbares Verfahren);

2. durch Einwirken von Fluorwasserstoff auf die Metalle (bei der Darstellung von FeF_2 und CrF_2 verwendbar), oder ihre Chloride (nur bei den Chloriden des Quecksilbers und Platins nicht verwendbar), oder ihre Oxyde oder Karbonate oder ihre hydratischen Fluoride (wo solche bekannt, fast immer verwendbar), und durch darauffolgendes starkes Erhitzen in Fluorwasserstoff bis zum Kristallinwerden;

3. Aluminium- und Bleifluorid werden aus wässeriger Lösung zunächst amorph gefällt, das erste dann in Fluorwasserstoffatmosphäre sublimiert, das zweite durch Schmelzen mit Kaliumbifluorid kristallin gemacht und durch Auslaugen mit Wasser vom Alkalifluorid getrennt.

c) Für Doppelfluoride mit insbesondere Ammonfluorid und Kaliumfluorid, z. B. $BiF_3 \cdot NH_4F$, $NiF_2 \cdot 2\,KF$, $ZnF_2 \cdot 2\,KF$, $CrF_3 \cdot 3\,KF$.

1. Man erhält die Ammonfluoridsalze unter erheblicher Wärmeentwicklung meist durch einfaches Erhitzen der wasserfreien Chloride mit einem Überschuß von Ammoniumfluorid bis zum Schmelzen des letzteren. Die Schmelze wird grob gepulvert und mit hochkonzentriertem kochenden Alkohol ausgelaugt:

$$MCl + 2\,NH_4F = MF \cdot NH_4F + NH_4Cl.$$

Dabei lösen sich das im Überschuß verwendete Ammonfluorid und das Ammonchlorid auf, während das Doppelsalz zurückbleibt.

Erhitzt man bei der Darstellung stärker als bis zur Schmelztemperatur des Ammonfluorids, so entweicht das letztere und man erhält die Chloride wieder zurück, häufig sehr schön kristallisiert.

2. Statt die wasserfreien Chloride mit Ammonfluorid zu erhitzen, kann man in vielen Fällen auch von den hydratischen, aus wässeriger Lösung gewinnbaren Fluoriden oder den Oxyden oder den Karbonaten der betreffenden Metalle ausgehen und diese mit Ammonfluorid im Überschuß erhitzen, z. B.

$$MO + 4\,NH_4F = MF_2 \cdot 2\,NH_4F + 2\,NH_3 + H_2O.$$

Auch in diesem Fall wird der Überschuß an Ammonfluorid aus der grobzerstoßenen Schmelze durch Auslaugen mit Alkohol entfernt; manchmal genügt dafür auch einfach stärkeres Erhitzen bei der Darstellung.

3. Zur Darstellung der Doppelsalze mit Kaliumfluorid lassen sich die beiden zuvor beschriebenen Verfahren, und zwar besonders das erste, gleichfalls benutzen, indem man statt des Ammonfluorids eine äquivalente Menge von Kaliumbifluorid verwendet:

$$MCl + 2\,KF \cdot HF = MF \cdot KF + KCl + 2\,HF$$

und z. B. $$MO + 4\,KF \cdot HF = MF_2 \cdot 2\,KF + 2\,KF + H_2O + 2\,HF.$$

Man steigert dabei aber die Temperatur am besten bis etwa 800°, d. h. bis zum klaren Schmelzen des Reaktionsgemisches, damit das Doppelsalz gut kristallisiert.

Das gebildete Kaliumchlorid läßt sich aus der grob zerstoßenen Schmelze wie Ammonchlorid mit Alkohol auslaugen, nicht aber das Kaliumfluorid. Bei Benutzung des zweiten Verfahrens breitet man deshalb die grobzerstoßene Schmelze an der Luft auf Filtrierpapier aus; dabei zerfließt das hygroskopische Kaliumfluorid allmählich und wird vom Filtrierpapier aufgenommen.

Arbeitsweise: Um bei dem Schmelzen mit Kaliumbifluorid die günstigste Temperatur von 800—850° nicht zu überschreiten und die gebildeten Fluoride vor der Luftfeuchtigkeit und den Flammengasen zu schützen, bringt man das Gemisch aus Metallchlorid und Kaliumbifluorid in einen Platintiegel und setzt diesen, mit seinem Deckel verschlossen, in einen passenden Kupferzylinder, dessen oberer Verschluß nur durch geringfügige Undichtigkeiten oder ein dünnes Rohr der Luft Zutritt gestattet. Der beim Erhitzen sich entwickelnde Fluorwasserstoff treibt dann die Luft aus dem Apparat und schützt das sich bildende Fluorid vor der Zersetzung. Ein starker Bunsenbrenner oder großer Siebbrenner reicht, wenn der Tiegel und seine Umhüllung nicht zu groß gewählt werden, aus, um der geschmolzenen Masse die nötige Temperatur von 800—850° zu geben.

Die Zersetzung der Ammonfluoriddoppelsalze kann in derselben Apparatur vorgenommen werden; man führt sie bei etwa 260° durch, steigert die Temperatur dann aber bis etwa 850°. Wenn diese Temperatur nicht ausreicht, um das Fluorid in kristalline Form zu bringen, muß die folgende Versuchseinrichtung benützt und durch diese während des Versuchs ein trockener Strom von Kohlensäure oder einem anderen indifferenten Gas hindurchgeleitet werden.

Das Erhitzen der Metalle, der Chloride, hydratischen Fluoride usw. in einem Strom von Fluorwasserstoff geschieht in einem an beiden Enden am besten etwas verstärkten und mit Schliffflächen versehenen Platinrohr, in welchem sich die zu erhitzende Substanz in einem Platinschiffchen befindet. Der Fluorwasserstoff wird in einer kleinen Platin- oder Kupferretorte aus Kaliumbifluorid durch Erhitzen entwickelt (siehe unten S. 44) und dem Platinrohr durch ein nicht zu enges und mit passend aufgeschliffenem Kopf versehenes Kupferrohr zu- und aus ihm durch ein ähnlich aufgepaßtes aber längeres und enges Kupferrohr abgeleitet. Das letztere Rohr hat den Zweck, den Eintritt von Luft in das Platinrohr zu verhindern.

Das Platinrohr selbst steckt man in ein Porzellanrohr und erhitzt es in einem Röhrenofen mit elektrischer Heizung auf die erforderliche Temperatur.

Statt des Platinschiffchens kann man unter Umständen auch ein gut geglühtes, sorgsam trocken gehaltenes Kohleschiffchen verwenden; das Platinrohr aber läßt sich durch ein Kupferrohr nicht gut ersetzen, da dieses bei höherer Temperatur zu leicht zu einer Verunreinigung der Substanz mit Kupferfluorid Veranlassung gibt.

β) **Hydratische Fluoride und Oxyfluoride und die aus wässeriger Lösung gewinnbaren anhydrischen Fluoride.** Man gewinnt diese Fluoride, sei es durch doppelte Umsetzung von Chloriden oder anderen löslichen Salzen mit Alkalifluoriden (z. B. das LiF, CaF_2), sei es durch Neutralisation reiner wässeriger Flußsäure mit Oxyden (z. B. das $JOF_3 \cdot 5\,H_2O$, UO_2F_2, SbF_3, $TeO_2 \cdot TeF_4 \cdot 2\,H_2O$) oder Karbonaten (z. B. KF, NaF, Hg_2F_2), sei es durch die vereinte Wirkung von Flußsäure und Alkalifluorid, indem mit Flußsäure zuerst die Lösung eines Fluorids erzeugt und dieses dann durch Alkalifluorid als Doppelfluorid abgeschieden wird, oder indem man Flußsäure auf die Kaliumsalze entsprechender Sauerstoffsäuren (z. B. $K_2Cr_2O_7$) oder Doppelchloride u. ä. einwirken läßt (z. B. CrO_3FK, $MnF_3 \cdot 2\,KF \cdot H_2O$ u. v. a.). Im ersten Fall tut man gut, die Salzlösung unter lebhaftem Umrühren in die Fluoridlösung einfließen zu lassen, damit das Fluorid immer im Überschuß zugegen ist; im zweiten und dritten Fall hat man darauf zu achten, daß erstens eine wirklich reine kieselflußsäurefreie Flußsäure (siehe unten) verwendet wird, und daß zweitens eine bekannte Säurekonzentration zum Schluß erreicht wird. Eine Verunreinigung der Flußsäure mit Kieselflußsäure liefert mit Alkalisalzen niemals reine Doppelfluoride, da sich aus einer solchen Säure auch Alkalifluorsilikate abscheiden. Die Säurekonzentration der Flußsäure ist bei der großen Neigung der Flußsäure zur Bildung von sauren Salzen und bei der leichten Hydrolysierbarkeit der meisten Fluoride ein wichtiger Faktor für die Zusammensetzung der dargestellten Salze. Man trägt dem letzteren Umstand Rechnung, indem man die Flußsäure vor der Verwendung mit Normalalkali und Phenolphthalein als Indikator titriert und ihr nur abgewogene Mengen Oxyd oder Karbonat oder Alkalifluorid zusetzt, es sei denn, daß man eine konzentrierte Lösung des letzteren, wie dies bei den Doppelfluoriden häufig geschieht, zum Aussalzen benutzt. Wenn die darzustellenden Fluoride in Wasser unlöslich sind und sich durch doppelte Umsetzung mit Alkalifluorid nicht hinreichend rein gewinnen lassen, so verwendet man die Flußsäure am besten in geringem Überschuß und neutralisiert sie mit Karbonaten; dieselben werden in die Flußsäure in kleinen Anteilen eingetragen und mit ihr solange erhitzt, bis die Kohlensäureentwicklung völlig beendet ist. Das Reaktionsprodukt (z. B. PbF_2) wird dann freilich häufig freie Flußsäure bzw. ein saures Salz enthalten, welches erst durch Erhitzen (nur selten genügt einfaches Trocknen) entfernt werden muß.

Lösen, Fällen: Über die zu verwendenden Gefäße und Geräte beim Arbeiten mit wässerigen Flußsäurelösungen ist schon oben (siehe S. 10) das Nötige gesagt worden. Für größere Mengen Lösung verwendet man, solange diese nicht erhitzt werden muß, asphaltierte oder paraffinierte Holz-, sonst Platin- oder Goldgefäße.

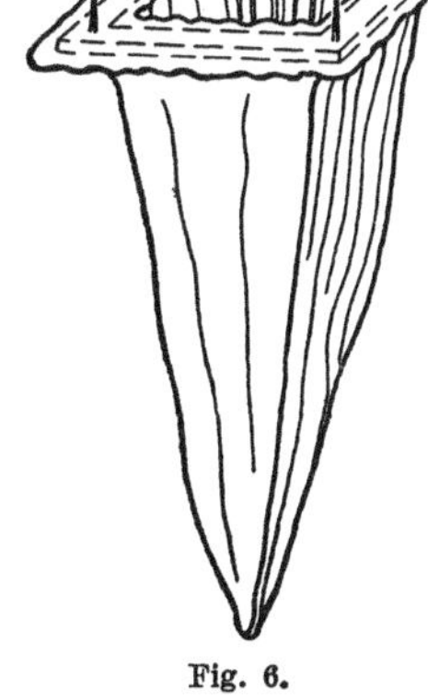
Fig. 6.

Filtrieren: Zum Filtrieren in der Kälte kann man mit Paraffin getränkte Pappetrichter gebrauchen. Will man aber heiße Lösungen filtrieren bzw. Kristalle oder Niederschläge von ihnen trennen, so benutzt man am besten weder Trichter noch Filtrierpapier, sondern einen kleinen Spitzsack beistehender Form (Fig. 6) in einem kleinen Kolierrahmen, welcher auch zum Abfiltrieren der Niederschläge und Sammeln von Kristallen dienen kann, da er sich bequem auspressen läßt.

Kristallisieren: Den Verlauf von Kristallisationen verfolgt man, indem man die Form der sich ausscheidenden Kristalle von Zeit zu Zeit zwischen zwei Glimmerblättchen unter dem Mikroskop beobachtet.

Trocknen: Das Trocknen der Niederschläge oder Kristalle erreicht man am besten durch Abpressen zwischen trockenem Fließpapier, oder über Ätzkali in Exsikkatoren aus Kupfer, evtl. auch aus Glas, doch muß dann deren Innenseite paraffiniert werden. Die Paraffinschicht ist aber niemals so dicht, daß sie die Flußsäuredämpfe vom Glas völlig fernhalten könnte. Die Exsikkatoratmosphäre enthält deshalb immer etwas Siliziumtetrafluorid; der Paraffinüberzug hebt sich mit der Zeit von der verätzten Glaswand ab und muß darum des öfteren erneuert werden.

Schmelztemperaturen bestimmt man am besten in einem Platinrohr, welches oben einen wassergekühlten Aufsatz mit Gaszu- und -ableitungsrohr trägt, in welchem das an der Lötstelle ungeschützte Thermoelement mit einem Gummistopfen befestigt wird. Das Rohr wird in einem elektrisch geheizten Röhrenofen erhitzt, die Außenluft durch einen trockenen, indifferenten Gasstrom (N_2, CO_2) vom Fluorid ferngehalten. Es wird stets, sowohl bei ansteigender wie bei fallender Temperatur, eine Temperatur-Zeitkurve aufgenommen und das Thermoelement nach dem Versuch geeicht.

Die Bestimmung von Dampfdrucken bei hohen Temperaturen geschieht nach Ruff und Bergdahl[223]), ist aber oft genug nicht befriedigend möglich. Man sollte darum bei festen Fluoriden niemals versäumen, deren kristallographische Eigenschaften und spezifisches Gewicht möglichst genau zu ermitteln. Man bestimmt das spezifische Gewicht am besten in einem kleinen Pyknometer unter wasserfreiem Toluol oder Xylol.

Die chemischen Eigenschaften werden am besten im Anschluß an Löslichkeitsversuche in Wasser, Säuren, Alkalien und einigen organischen Lösungsmitteln, vor allem absolutem Alkohol und Azeton, geprüft. Das feste Fluorid erhitzt man in einem ausgeglühten, trockenen Graphitschiffchen, eingeschlossen in ein mit Gaszu- und -ableitungsrohr versehenes Glasrohr, entweder in Mischung mit den zu prüfenden festen Stoffen (Metalle wie Natrium, Zink, Eisen, Kupfer; Metalloide wie Schwefel, Phosphor, Jod) und dann in einer indifferenten Atmosphäre, oder in den Dämpfen der zu prüfenden Substanz (O_2, Cl_2, S, P usw.).

II. Einzelverfahren.

Ausgangsstoffe. Der Ausgangsstoff für das Fluor und sämtliche Fluoride ist genau genommen allein der rohe Fluorwasserstoff, wie er durch Erhitzen der natürlichen Fluoride, des Flußspats und Kryoliths mit konz. Schwefelsäure gewonnen wird (Abschn. 1).

Zur präparativen Darstellung von anderen Fluoriden auf dem Wege der doppelten Umsetzung sind Flußspat und Kryolith so wenig geeignet wie zur Gewinnung von Fluor auf dem Wege der Schmelzflußelektrolyse. Praktisch unlöslich in allen üblichen Lösungsmitteln, lassen sie sich nur in geschmolzenem Zustande zum Umsatz bringen; ihre Schmelztemperatur liegt aber so hoch, daß die präparative Verwertung der hier und dort in solchen Schmelzflüssen beobachteten Bildung von Fluoriden (z. B. MoO_2F_2 aus Kryolith und MoO_3[227]), POF_3 aus Kryolith und P_2O_5[279]), Vanadinoxyfluorid aus V_2O_5 und CaF_2[197])) angesichts der apparativen Schwierigkeiten zur Zeit ziemlich aussichtslos erscheint.

Der rohe Fluorwasserstoff liefert uns das Siliziumtetrafluorid, Bortrifluorid, Arsentrifluorid und die Fluorsulfonsäure; er dient vor allem aber auch zur Darstellung der wässerigen Flußsäure (Abschn. 2). Aus dieser gewinnt man die binären Fluoride der meisten ein-, zwei- und dreiwertigen Metalle und die komplexen Fluoride auch vieler mehrwertiger Elemente; vor allem aber gewinnt man aus ihr die Alkalibifluoride, aus diesen den reinen Fluorwasserstoff (Abschn. 3) und durch dessen Zerlegung das Fluor selbst (Abschn. 4); das letztere läßt sich aber auch direkt aus den Alkalibifluoriden gewinnen. Während uns die wässerige Flußsäure die Darstellung von Fluoriden nur so weit gestattet, als diese neben ihrer an Fluorwasserstoff gesättigten Lösung bestehen können, ohne Hydrolyse zu erfahren, liefert uns der rohe Fluorwasserstoff solche, welche von einer an ihnen und an Fluorwasserstoff gesättigten, etwa 92proz. Schwefelsäure nicht zersetzt werden. Der reine Fluorwasserstoff und das Fluor liefern uns fast alle die übrigen Fluorverbindungen.

Dem rohen Fluorwasserstoff, der wässerigen Flußsäure, dem reinen Fluorwasserstoff und dem Fluor sollen als den wichtigsten Ausgangsstoffen für die präparative Darstellung von Fluoriden die folgenden vier Abschnitte gewidmet sein. In jedem Abschnitt wird zunächst die Darstellung des Ausgangsstoffes selbst ziemlich ausführlich beschrieben werden; ihr folgt dann etwas kürzer eine Besprechung der wichtigsten aus ihm herzustellenden Fluoride. Manche von diesen werden auch ihrerseits wieder als Ausgangsstoffe für eine mehr oder minder große Zahl von Fluoriden erscheinen. Damit wird der Grundsatz, die Fluoride nach dem Grade ihrer Hydrolysierbarkeit zu behandeln, innerhalb der einzelnen Abschnitte zum Teil aufgehoben. Aber wir glauben, indem wir den genetischen Zusammenhang festhalten, der Forderung nach größtmöglicher Ersparnis an Zeit, Arbeit und Geld, welche für präparative Arbeit bestimmend sein muß, besser zu genügen.

Bei der Darstellung organischer Fluoride hat die wässerige Flußsäure eine nur beschränkte Verwendung gefunden — zur Einführung von Fluor an Stelle der Diazoniumgruppe; das Fluor selbst hat sich als zu reaktionsfähig, der reine Fluorwasserstoff meist als zu unbequem erwiesen. Es fand sich ein Ersatz in der doppelten Umsetzung vieler Chloride, Bromide und Jodide mit den Fluoriden des Silbers, Zinks, Antimons und Arsens, welche auch bei der Darstellung vieler anorganischer Fluoride eine Rolle spielten. Die ersten drei dieser Fluoride werden aus wässeriger Flußsäure erhalten und werden deshalb in Abschn. 2 berücksichtigt. Das Arsentrifluorid gehört zum rohen Fluorwasserstoff (Abschn. 1).

1. Roher Fluorwasserstoff und die damit darzustellenden Fluoride.

A. Der rohe Fluorwasserstoff.

Rohen Fluorwasserstoff erhält man durch Erhitzen von Flußspat oder Kryolith mit Schwefelsäure:

$$CaF_2 + H_2SO_4 = CaSO_4 + 2\,HF$$

$$2\,AlF_3 \cdot 3\,NaF + 6\,H_2SO_4 = Al_2(SO_4)_3 + 3\,Na_2SO_4.$$

Verwendet man eine 97,5—100proz. Schwefelsäure und erhitzt das Reaktionsgemisch nicht höher als bis 185°, so erhält man als Destillat einen nur etwa 5% Wasser enthaltenden Fluorwasserstoff in einer Ausbeute von etwa 60% der obigen Gleichungen entsprechenden theoretischen. Die übrige Flußsäure bleibt in dem Destillationsrückstand teils als solche, teils als unzersetzter Flußspat, teils als Fluorsulfonsäure und ist daraus durch stärkeres Erhitzen teilweise zu gewinnen, liefert dann aber eine verdünntere Säure[225]).

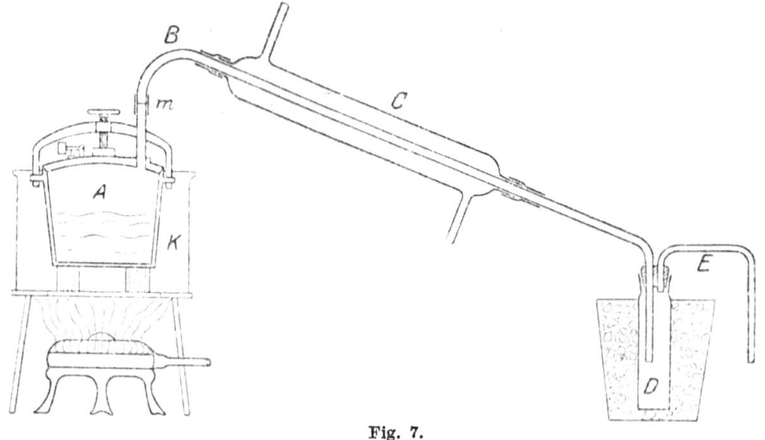

Fig. 7.

Verwendet man statt reiner Schwefelsäure eine solche, welche etwa 15% Schwefeltrioxyd enthält (Oleum), arbeitet im Übrigen aber ebenso, so erhält man den übergehenden Fluorwasserstoff zwar wasserfrei, dafür aber fluorsulfonsäurehaltig.

Die Darstellung des rohen Fluorwasserstoffs kann, da ein Erhitzen der Schwefelsäure nötig ist, nicht etwa in Kupfergefäßen ausgeführt werden; man verwendet vielmehr Retorten aus Platin oder Gußeisen.

Apparatur (Fig. 7). Um etwa 250 g Fluorwasserstoff auf einmal zu gewinnen, benutzt man die beistehend gezeichnete Einrichtung.

A ist ein Dampftopf von etwa 3 l aus Gußeisen, wie er in Küchenwarengeschäften zu haben ist. Auf ihm sitzt, aufgeschliffen und durch den Bügel festgehalten, der Deckel mit seinem Sicherheitsventil. In den Deckel ist ein eisernes Rohr von 1,5 cm lichtem, 2 cm äußerem Durchmesser und 15 cm Länge eingeschraubt, welches oben eine Muffe *m* trägt. In die Muffe setzt man ein 1 m langes Bleirohr *B* von 2 cm Durchmesser und dichtet die Verbindungsstelle mit einer Paste aus Mennige und Schwefelsäure. Über das Rohr zieht man einen Kühlermantel *C* von etwa 50 cm Länge, biegt es etwa 10 cm dahinter, der Zeichnung entsprechend, nach unten und schiebt über das Ende bis etwa 10 cm von unten einen doppelt durchbohrten, mit Paraffin durchtränkten Kork, welcher zu einer aus einem 5 cm weiten Bleirohr gefertigten Bleiflasche *D* von etwa 20 cm lichter Höhe paßt und in der zweiten Bohrung ein etwa 30 cm langes Bleirohr *E* von etwa 0,5 cm Durchmesser trägt. Letzteres vermittelt den Druckausgleich mit der Außenluft, ohne der Feuchtigkeit allzuviel Zutritt zu gestatten. Die Bleivorlage *D* steht in einer Kältemischung von Eis und Kochsalz.

Der gußeiserne Topf *A* wird, damit eine Überhitzung vermieden wird, am besten in einem eisernen Kessel *K* auf einigen Tonblöcken oder in einer nicht zu breiten Sandbadschale erhitzt.

Reaktionsmischung und Arbeit. Auf 1 kg feingepulverten Flußspat $2^1/_4$ kg Schwefelsäure von wenigstens 97,5% Monohydrat, oder: Auf 1 kg feingepulverten Kryolith 2,5 kg derselben Schwefelsäure.

Das Fluorkalzium wird in dem Topf mit der Schwefelsäure vor dem Versuch mit einer Eisenstange gut gemischt; dann wird der Topf geschlossen und so angeheizt, daß der Fluorwasserstoff nach etwa einer halben Stunde gleichmäßig abzutropfen beginnt. Nun fügt man die Bleiflasche mit ihrer Kältemischung an den Apparat und heizt dann, ohne das Feuer zu verstärken, weiter; dabei darf aber die Temperatur des Sandbades an der unteren Topfkante 185° niemals überschreiten. Man erreicht nach etwa 4 Stunden das praktische Ende der Zersetzung.

In der Retorte findet sich nach Verwendung von Flußspat ein fester, gewöhnlich als Gips bezeichneter Rückstand, der mit dem Meißel entfernt werden muß; bei Verwendung von Kryolith ein vollkommen flüssiger Inhalt, welcher bald zu einer kristallinen Masse erstarrt, sich aber bis auf den unzersetzten Kryolith leicht in Wasser löst. Mit Rücksicht auf das Eisen tut man im letzten Falle gut, den Rückstand aus der Retorte noch heiß auszugießen. Der in der Bleiflasche befindliche Fluorwasserstoff enthält in beiden Fällen als wesentliche Verunreinigung nur Fluorblei, daneben Spuren Siliziumtetrafluorid, schweflige Säure und Schwefelsäure.

Die Ausbeute an etwa 95proz. Fluorwasserstoff beträgt etwa 60% der Theorie; sie kann in der Bleivorlage, welche von ihr stark angegriffen wird, nicht aufbewahrt werden, muß zu diesem Zweck vielmehr in Kupferbomben umgefüllt werden.

Eigenschaften: Farblose, sehr leicht bewegliche Flüssigkeit, welche bei etwa 20° zu sieden beginnt und ihrer Gefährlichkeit für Haut und Augen wegen mit größter Vorsicht behandelt werden muß.

Der rohe Fluorwasserstoff hat wegen seines Wasser- oder Fluorsulfonsäuregehaltes einerseits und der Schwierigkeiten, ihn zu verdichten und aufzubewahren andererseits, als solcher in die präparative Chemie nur wenig Eingang gefunden. Er hat für sie vor allem die Bedeutung eines Zwischenproduktes, und in dieser Form begegnet er uns bei der Darstellung der wässerigen Flußsäure, des Siliziumtetrafluorids und der Kieselflußsäure, des Titantetrafluorids, Bortrifluorids, der Fluorsulfonsäure und des Arsentrifluorids. Da die wässerige Flußsäure in Abschn. 2 behandelt wird, kann deren Darstellung hier übergangen werden.

B. Darstellung einiger Fluoride.

a) Kieselflußsäure ($H_2SiF_6 = 144{,}3$).

Das Siliziumtetrafluorid wird im allgemeinen zur Gewinnung wässeriger Lösungen der Kieselflußsäure, H_2SiF_6, dargestellt. Man benutzt hierfür den weiter unten abgebildeten „Apparat zur Darstellung wässeriger Flußsäure" von Hempel[102]) (Fig. 9 S. 30) und beschickt ihn mit einer Mischung von 1 Teil Glaspulver (käuflich), 1 Teil Flußspat und 2 Teilen konz. Schwefelsäure. Die abtropfende Säure läßt man durch ein leinenes Koliertuch laufen und preßt die Kieselgallerte ohne auszuwaschen aus.

Bei der Herstellung kleinerer Mengen Kieselflußsäure füllt man das Reaktionsgemisch in einen Steinkrug (von irgendeinem Mineralwasser), setzt diesen in ein Sandbad und führt das sich entwickelnde Gas durch ein zweimal rechtwinklig gebogenes Glasrohr etwa 2 cm tief unter die Oberfläche von Quecksilber, welches sich am Grunde eines Standzylinders befindet. Dann überschichtet man das Quecksilber mit dem zur Absorption bestimmten Wasser und vermeidet so eine Verstopfung der Röhre.

Eigenschaften:

Spezifisches Gewicht der wässerigen Lösungen der H_2SiF_6 bei 17,5° C [268]):

% H_2SiF_6	Spez. Gew.	% H_2SiF_6	Spez. Gew.
6	1,0491	22	1,1941
10	1,0834	26	1,2335
14	1,1190	30	1,2742
18	1,1559	34	1,3162

Siedepunkt der 30,2proz. Säure: 108,5° C bei 720 mm Druck[8]).

Verdampfung: Nur eine Lösung von 13,3% verdampft bei 720 mm Druck ohne Änderung ihrer Zusammensetzung; konzentriertere Säure gibt einen SiF_4-reicheren, verdünntere Säure einen SiF_4-ärmeren Dampf, als der Zusammensetzung der verdampfenden Säure entspricht.

Bildungswärme: krist. $Si + 6F + 2H + aq = H_2SiF_6aq + 375,1$ Kal.[90][285]).

Durch Neutralisieren der Säure mit der eben erforderlichen Menge von Metalloxyden, -hydroxyden oder Karbonaten oder durch Auflösen von Metallen, wie Zn und Fe, erhält man die in Wasser meist leicht löslichen Silikofluoride oder Fluate. Dieselben werden durch einen Überschuß von Base unter Bildung von Fluoriden und Silikaten bzw. gallertartiger Kieselsäure zersetzt. Schwer löslich in Wasser sind vor allem die Silikofluoride des K, Na, Ca und Ba.

b) Siliziumtetrafluorid ($SiF_4 = 104,3$).

Wünscht man das Siliziumtetrafluorid als solches in reiner Form zu gewinnen, geht man von entsprechend kleineren Stoffmengen*) aus und setzt diese in einem ähnlich der Fig. 7 für rohen Fluorwasserstoff zusammengestellten, aber entsprechend kleineren und deshalb mit einer Blei- statt der Eisenretorte versehenen Apparat um. An das Bleirohr *E* wird nun aber das weitere Rohr einer Glasvorlage angeschlossen, welche in einem Dewarzylinder mit flüssiger Luft gekühlt wird, und erst in dieser das Fluorid verdichtet. Aber auch die Bleivorlage *D* wird energischer gekühlt und in einen Dewarzylinder mit Alkohol-Kohlensäuremischung gesetzt.

Das in der Glasvorlage verdichtete Fluorid ist rein und kann beliebig weiterverarbeitet, z. B. in einem mit konz. Schwefelsäure oder Quecksilber beschickten, gläsernen Glockengasometer gesammelt werden. Würde man die Gase sofort hinter dem Kühler in der Glasvorlage sammeln, so würde das Eintrittsrohr zu der Vorlage von Flußsäure rasch zerfressen werden.

Eigenschaften:

Schmelzpunkt: —77° unter einem Druck von 2 Atm.[146])

Siedepunkt: Das feste SiF_4 zeigt bei —90° einen Druck von 759 mm[2]) [220]).

Kritischer Druck: 50 Atm.

Kritische Temperatur: —1,5° [220]).

Gewicht des normalen Liters: $L = 4,693$**).

Bildungswärme: krist. $Si + F_4 = SiF_4$ Gas $+ 239,8$ Kal.[89]).

SiF_4 ist außerordentlich temperaturbeständig, bei gewöhnlicher Temperatur fast indifferent gegen die gewöhnlichen Schwermetalle, Schwermetalloxyde und Glas, sofern diese völlig trocken sind, bei höherer Temperatur reaktionsfähiger, und dies besonders gegenüber den Alkali-, Erdalkali- und Erdmetallen.

c) Bortrifluorid ($BF_3 = 68$).

Die Darstellung von Bortrifluorid läßt sich in ähnlicher Weise wie die zuletzt besprochene des Siliziumtetrafluorids ausführen, indem man von einer Mischung aus 1 Teil B_2O_3, 1 Teil siliziumfreiem Kryolith und 12 Teilen konz. Schwefelsäure ausgeht.

*) Der Flußspat darf hier aber keinesfalls CO_2 enthalten.

**) Bestimmung siehe dieses Buch S. 13.

Das in der Vorlage als weißes Pulver verdichtete Fluorid wird durch Fraktionieren leicht rein erhalten und kann dann über Quecksilber aufbewahrt werden. (Nicht über Schwefelsäure, da diese etwa 50 Vol. des Gases löst.)

Eigenschaften:

Schmelzpunkt: —127° [145]).

Siedepunkt: —101° [145]).

Farbloses Gas, von erstickendem Geruch, sehr temperaturbeständig, aber gegen Wasser empfindlich, an der Luft nebelbildend. Mit Wasser wird H_3BO_3 abgeschieden und HBF_4 gebildet; die Borofluoride sind wie die Silikofluoride meist in Wasser löslich.

d) Fluorsulfonsäure (HSO_3F = 100).

Darstellung von Fluorsulfonsäure [225]): Die Fluorsulfonsäure greift Bleigefäße sehr stark an; Flußeisen dagegen wird von Fluorsulfonsäure nur wenig angegriffen. Es kann die Darstellung der Fluorsulfonsäure deshalb in einer geschmiedeten Retorte vorgenommen werden, welche z. B. aus einem Schutzrohr mit verschweißtem Boden für Schießrohre hergestellt wird*). Für die nachstehend genannten Mengen genügt ein Rohr von etwa 150 ccm Inhalt, d. h. von etwa 150 mm Höhe bei 36 mm Durchmesser. Es wird oben durch einen aufzuschraubenden Deckel verschlossen, in welchen ein Gasrohr von etwa 5 mm lichter Weite eingesetzt ist. Das Rohr wird schräg nach unten abgebogen; über dessen Ende wird ein Kühlermantel gezogen.

In die Retorte kommen 100 g rauchende Schwefelsäure mit 60% Schwefelsäureanhydrid, und da hinein rührt man mit einem Eisendraht 40 g Flußspat; die Retorte wird verschlossen, etwa $^1/_2$ Stunde stehengelassen und dann im Ölbad im Verlaufe von etwa 2 Stunden derart bis auf etwa 250° Außentemperatur erhitzt, daß die Säure aus dem gekühlten Rohr in die Vorlage, welche gleichfalls aus Eisen bestehen kann, gleichmäßig abtropft.

Das Destillat kommt, nachdem die Retorte gereinigt und getrocknet worden ist, in die Retorte zurück und wird erneut destilliert; es wird hierbei aber nur das zwischen 165 und 200° (Ölbadtemperatur) Übergehende aufgefangen, der Vorlauf wird verworfen.

Die erhaltene Säure enthält nur sehr wenig Eisen**). Wird sie vollkommen eisenfrei verlangt, muß sie aus Platin destilliert werden. Ausbeute nahezu quantitativ.

Eigenschaften:

Farblose Flüssigkeit, an der Luft rauchend.

Siedepunkt: bei 760 mm = 162,6° [280]).

Spezifisches Gewicht: unbekannt.

---

*) Die Böden der Rohre sind häufig nur gelötet.

**) In einem Versuch wurden 4,5 g Fluorsulfonsäure in einem Stahlzylinder 1 Stunde lang auf 150° gehalten. Die Säure bedeckte etwa 2,5 qcm und nahm 0,7 mg Eisen auf.

Sehr temperaturbeständig[225]), der Dampf erfährt bei 900° noch keine Zersetzung, wird aber durch Schwefel und andere Reduktionsmittel, wie z. B. Blei oder organische Stoffe, allmählich schon bei ihrer Siedetemperatur zu Schwefeldioxyd und Fluorwasserstoff zersetzt. Die Säure muß in Platingefäßen aufbewahrt werden, obwohl sie in eisernen Apparaten recht wohl dargestellt werden kann[225]).

Mit Wasser explosionsartig heftige Reaktion, Bildung von Schwefelsäure und Flußsäure. Mit Alkalifluoriden und -chloriden Bildung fluorsulfonsaurer Salze[225]), welche gegen Wasser und besonders Alkalien ziemlich beständig sind und mit Ca''- und Pb''-Ion nur allmählich, nach vorausgegangener Bildung von F'-Ion, eine Fällung geben[286]). Das in derben Nadeln kristallisierende und bei 245° schmelzende Ammonsalz ist durch Auslaugen des Reaktionsproduktes von Ammonfluorid und rauchender Schwefelsäure (70% SO_3) mit methylalkoholischem Ammoniak besonders leicht rein zu erhalten und deshalb ein gutes Ausgangsmaterial für das K-, Rb-, Li- und Ba-Salz[287]).

Aus Fluorsulfonsäure und Ammoniak, Hydrazin, Äthylamin usw. erhält man Sulfamidsäuren[292]); auch lassen sich mit Hilfe der Fluorsulfonsäure und ihrer Salze mancherlei Fluoride organischer Säuren darstellen[292]).

e) Arsentrifluorid (AsF_3 = 132).

α) Das Arsentrifluorid selbst.

Darstellung[141]): Man verwendet 1 kg eines innigen Gemenges von gleichen Teilen Fluorkalzium und arseniger Säure und 2 kg reine konz. Schwefelsäure. Das Fluorkalzium muß frei sein von Kalziumkarbonat und wird vor dem Versuch ausgeglüht — es darf dabei natürlich nicht bis zum Schmelzen erhitzt werden —, das Arsentrioxyd wird im Vakuumexsikkator über Schwefelsäure getrocknet.

Der Apparat kann in genau derselben Weise wie für den rohen Fluorwasserstoff (Fig. 7) aufgebaut werden. Die Retorte kann aber auch aus Glas bestehen. In letzterem Fall bringt man die Schwefelsäure in eine tubulierte Retorte aus dickwandigem Glas von 4 l Inhalt und gibt das Gemenge von Fluorkalzium und arseniger Säure in kleinen Anteilen durch den Tubus hinzu. An den Hals der Retorte schließen sich dann das obere entsprechend aufgeweitete Ende des Bleirohrkühlers und daran die Bleivorlage an. Man erhitzt langsam mehrere Stunden hindurch.

Das Destillat ist ziemlich unrein und muß sorgfältig fraktioniert werden. Es kann dies in einem Blei- oder Kupferkolben geschehen; noch besser ist natürlich ein Fraktionskolben mit Kühler aus Platin (siehe Fig. 4).

Eigenschaften:

Siedepunkt: 63° bei Atmosphärendruck.

Schmelzpunkt: —8,5°.

Spezifisches Gewicht: 2,73 bei 15° C.

Das Arsentrifluorid ist eine farblose, äußerst leicht bewegliche Flüssigkeit, welche vorsichtig gehandhabt werden muß, da ihre Dämpfe sehr giftig sind, und da sie auf der Haut die Bildung tiefer eiternder Wunden veranlaßt.

Zur Aufbewahrung des Arsentrifluorids verwende man Blei- oder Platin-, aber keine Glasflaschen; der Stopfen setzt sich in Glasflaschen fest und es bildet sich darin allmählich Siliziumtetrafluorid und ein Arsenoxyfluorid. Der durch das erstere entwickelte Druck zersprengt die Flaschen, das letztere macht das Fluorid für manche Zwecke unbrauchbar. Sofern die Verschlüsse der Metallflaschen nicht dicht sind, setzt man diese unter eine Glasglocke über gekörntes, geschmolzenes Kaliumfluorid.

β) Fluoride aus Arsentrifluorid:

Aus Arsentrifluorid, Antimonpentafluorid und Brom stellt man das Arsenpentafluorid dar (Näheres siehe Abschn. 3 bei Antimonpentafluorid); aus Arsentrifluorid und Wolframhexachlorid das Wolframhexafluorid. Die Darstellung des Wolframhexafluorids auf diesem Wege liefert freilich nur in Platinapparaten gute, in Glasapparaten aber geringe Ausbeute[226]). Leichter durchführbar ist in dieser Hinsicht die Umsetzung von Wolframhexachlorid mit Antimonpentafluorid (siehe dieses: Abschn. 3).

Phosphortrifluorid (PF_3 = 88,04).

Die Darstellung des Phosphortrifluorids*)[147]) geschieht wie folgt: Man bringt das Arsentrifluorid in einen Tropftrichter *T* (Fig. 8)

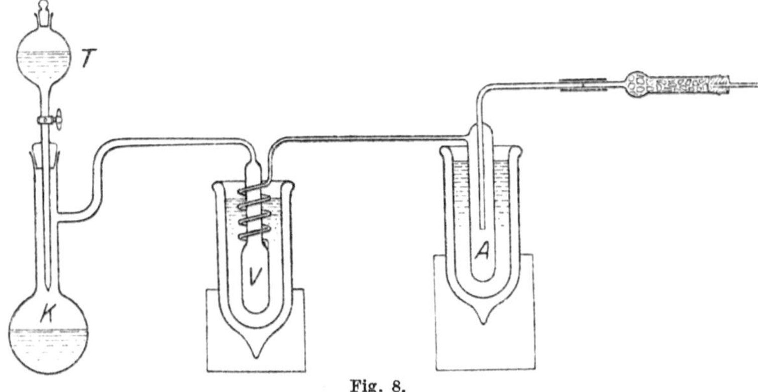

Fig. 8.

und läßt es langsam zu dem in einem kleinen Glaskölbchen *K* (etwa 75 ccm) befindlichen reinen Phosphortrichlorid hinzutropfen. Alle Teile des Apparates müssen vorher sorgfältig getrocknet sein. Das Phosphortrifluorid entwickelt sich entsprechend der Gleichung: $AsF_3 + PCl_3 = AsCl_3 + PF_3$; es wird durch die an das Kölbchen angeschmolzene

*) Andere Verfahren s. bei ZnF_2 und PbF_2 in Abschn. 2.

Glasvorlage *V* geleitet, welche man in einem Dewarzylinder durch eine Kohlensäure-Alkoholmischung auf $-50°$ oder noch tiefer hält, um AsF_3 und $AsCl_3$ zurückzuhalten, und dann in einer zweiten, gleichfalls angeschmolzenen, mit flüssiger Luft gekühlten Vorlage *A* verdichtet; durch Fraktionieren wird das PF_3 nach Entfernung der in der Vorlage enthaltenen Luft gereinigt und dann über Quecksilber in vorher getrockneten Glasgefäßen aufgefangen.

Eigenschaften:

Siedepunkt: $-95°$ bei 766 mm.

Schmelzpunkt: $-160°$.

Farbloses, an der Luft nicht rauchendes, giftiges Gas. Wird durch Wasser langsam zersetzt, greift trockenes Glas erst bei höherer Temperatur an.

Phosphorpentafluorid ($PF_5 = 126{,}04$).

Das Phosphortrifluorid gibt mit Brom eine schon bei $+15°$ in Phosphorpentafluorid und Phosphorpentabromid zerfallende Verbindung PF_3Br_2 und kann darum zur Darstellung von Phosphorpentafluorid [142]) Verwendung finden. Einfacher gewinnt man aber auch dieses Gas mit Hilfe von Arsentrifluorid[278]) entsprechend der Gleichung:

$$5\,AsF_3 + 3\,PCl_5 = 5\,AsCl_3 + 3\,PF_5,$$

und zwar in derselben Versuchsanordnung wie derjenigen für das Phosphortrifluorid (Fig. 8); nur wird das flüssige Phosphortrichlorid durch festes Phosphorpentachlorid ersetzt und die Vorlage in der Kohlensäure-Alkoholmischung nicht weiter als auf etwa $-60°$ abgekühlt.

Eigenschaften:

Siedepunkt: $-75°$ unter 760 mm.

Schmelzpunkt: $-83°$.

Farbloses, an der Luft stark rauchendes, sehr unangenehm riechendes, Haut und Lungen stark ätzendes Gas; wird von Wasser zersetzt, greift trockenes Glas bei Zimmertemperatur nicht an.

Auch zum Thionylfluorid [160]) ist das Arsentrifluorid der bequemste Ausgangsstoff; es wird durch Umsetzung dieses mit Thionylchlorid gewonnen.

Diese Beispiele dürften zur Genüge beweisen, welch wertvoller Stoff das leicht zugängliche Arsentrifluorid für Fluorierungen ist.

2. Wässerige Flußsäure und die damit herzustellenden Fluoride.

A. Wässerige Flußsäure.

Die rohe wässerige Flußsäure des Handels, welche ganz erhebliche Mengen Kieselflußsäure enthalten kann (neben etwas Schwefelsäure, Salzsäure, Blei, Eisen und evtl. auch Arsen), hat für den Laboratoriumsbedarf keine Bedeutung, es sei denn, daß man sich aus ihr für präparative Zwecke in der unten angegebenen Weise reine Säure selbst herzustellen wünscht. Dies ist aber kaum nötig, da die in Zeresinflaschen gehandelte Säure meist den weitestgehenden Ansprüchen an Reinheit genügen dürfte; immerhin ist eine Prüfung auch dieser Säure auf Reinheit wohl angebracht.

Prüfung: Der Abdampfrückstand von 10 g der Säure sollte praktisch gleich Null sein; löst man den etwa vorhandenen Abdampfrückstand in 5 ccm Wasser, säuert dessen Lösung mit 20 Tropfen 12proz. Salzsäure an, erwärmt und gibt nun 1—2 Tropfen Bariumchloridlösung zu, so darf auch nach dem Erkalten beim Stehen keine Trübung erscheinen (Schwefelsäure). Neutralisiert man die Säure mit einer klaren, konzentrierten Lösung von reinem Kaliumkarbonat und kocht die Lösung dann auf, so darf sie nach dem Erkalten keine Fällung oder Trübung erkennen lassen (Siliziumtetrafluorid). Silbernitratlösung darf keine Trübung geben (Salzsäure), ebensowenig Schwefelwasserstoffwasser nach $^1/_4$stündigem Erwärmen im Wasserbad (Arsen).

Die Darstellung roher und reiner Flußsäure hat unter diesen Umständen lediglich als Übungsaufgabe Interesse.

Die Darstellung gewöhnlicher Flußsäure [225]): Man arbeitet am besten nach Hempel in beistehend gezeichneter Apparatur [18]) [102]) [266]) [270]) (Fig. 9).

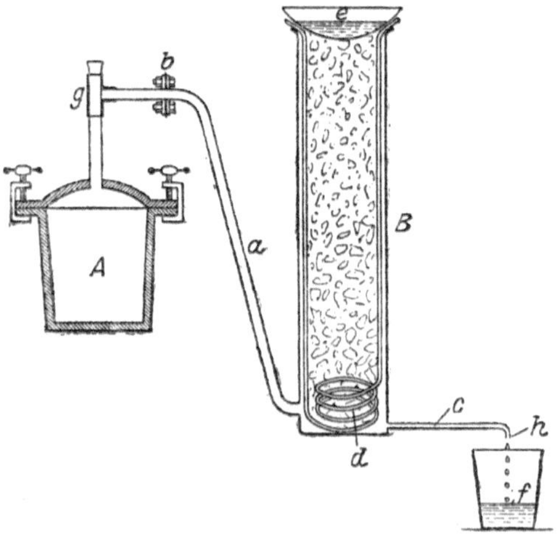

Fig. 9.

Dieselbe besteht aus der gußeisernen Retorte *A*, welche mit 1 kg feingepulvertem Flußspat und 1400 g einer 90proz. Schwefelsäure (spez. Gew. 1,820) beschickt wird [225]), dem Eisenrohr *g* und dem Bleirohr *a*, welch letzteres in einen unten durch eine Bleischlange *d* gekühlten, oben mit Holzkohlestückchen ausgesetzten Bleizylinder *B* führt; die Holzkohlestückchen werden mit Wasser bzw. verdünnter Säure aus einer Bleischale *e* berieselt. Flußspat und Schwefelsäure werden mit einem Blei- oder Holzstab gut gemischt; dann heizt man auf einem Fletscherbrenner langsam an, so daß die Säure nach etwa $^1/_2$ Stunde aus dem bis dahin trocken gehaltenen, vorgelegten Bleizylinder abzutropfen beginnt, berieselt den Zylinder nun mit Wasser und unterhält das Feuer in gleicher Stärke etwa 4 Stunden.

Ausbeute etwa 80% der theoretisch möglichen.

Der Rückstand läßt sich aus der Retorte leicht entfernen*).

Verwendet man statt des Flußspats den teuereren Kryolith, um die Bildung von Siliziumtetrafluorid und Kieselsäure zu vermeiden, so verwendet man auf 1 kg Kryolith 1600 g der 90proz. Schwefelsäure, arbeitet im übrigen aber wie zuvor.

Reinigen der rohen Säure: Sind die Ansprüche an die Reinheit der Säure besonders große, so stellt man sich aus der rohen Säure in einer Platinschale Kaliumbifluorid her (siehe unten Abschn. 3) und treibt aus diesem in einer Platinretorte mit Helm und Kühler durch Erhitzen die Hälfte des Fluorwasserstoffes wieder aus (siehe unten Abschn. 3). Den Fluorwasserstoff führt man durch ein Platintrichterchen zu der Oberfläche einer der Bifluoridmenge entsprechenden Menge Wasser in einer Platinschale und destilliert die gewonnene Säure nochmals aus Platingefäßen[42]).

Sind die Ansprüche bescheidener und will man vor allem Platinapparate vermeiden, so reinigt man die rohe, wenn irgend möglich arsen- und chlorfreie Säure wie folgt: Sie wird zunächst so weit verdünnt, daß sie nicht mehr als 30% Fluorwasserstoff enthält, dann leitet man, sofern sie Arsen enthält, Schwefelwasserstoff, wenigstens 1 Stunde lang, in der Wärme ein und gibt nun zur Entfernung der Kieselflußsäure so viel Kaliumkarbonat zu, daß ein weiterer Zusatz in einer klar abgezogenen Probe auch beim Stehen keine Ausscheidung von Kaliumsiliziumfluorid mehr veranlaßt. Nun gießt man die Säure vom Bodensatz ab, entfernt evtl. Salzsäure und den noch zurückgebliebenen Schwefelwasserstoff durch Zugabe einer kleinen Menge Silberkarbonat (ist Schwefelwasserstoff allein vorhanden, entfernt man ihn vor der Destillation durch einfaches Auskochen) und unterwirft die klare Säurelösung der Destillation.

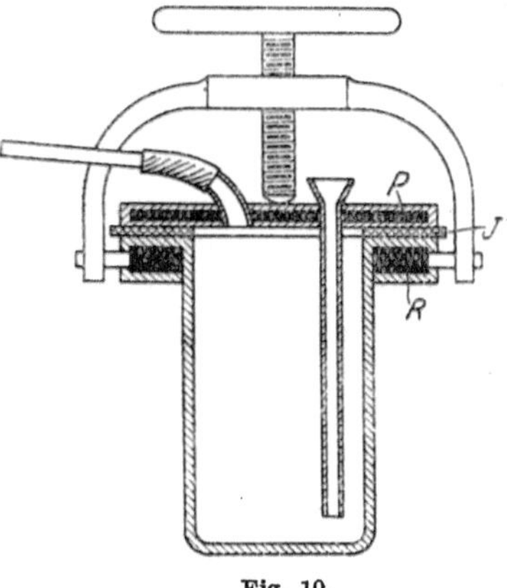

Fig. 10.

Hierfür eignet sich der von Hamilton[93]) beschriebene Apparat recht gut (Fig. 10). Eine aus Blei getriebene Retorte von etwa 15 cm Höhe und 10 cm Breite ist an ihrem oberen Rand durch einen Eisenring *R* verstärkt, um den das Blei herumgeschlagen ist. Obenauf liegt eine in Blei eingeschlagene Eisenplatte *P*, durch welche, Blei mit Blei verlötet, ein Bleirohr zum Nachgießen der Säure und eine Bleinase zum Wegführen der Dämpfe hindurchgeführt sind. Die Dichtung zwischen Retorte und Deckel wird durch einen Gummiring *J*

*) Er wird mit Wasser oberflächlich abgespült, mit Sodalösung aufgekocht und dann sofort aus der Retorte herausgespült.

und einen eisernen Bügel (wir ziehen vier einzelne Klemmschrauben vor) bewerkstelligt. Über die Bleinase ist ein Stück weicher weiter Gummischlauch gezogen, der seine Fortsetzung in einem etwas steiferen Gummirohr findet, welches durch einen Kühler geht. Die Destillation wird in einem Öl- oder Sandbad ausgeführt, dessen Temperatur man von 100° allmählich auf 150° derart steigert, daß die Säure aus dem Kühler gleichmäßig abtropft. Die destillierende Säure wird in einer Guttaperchaschale aufgefangen. Verwirft man die erste Fraktion, welche die leichtest löslichen Bestandteile aus dem Kühlerrohr enthält, so ist die Reinheit der dargestellten Säure eine um so befriedigendere, je mehr destilliert wird.

Hinsichtlich der Konzentration der destillierten Säure ist zu beachten, daß wässerige Flußsäure unter Atmosphärendruck nur mit 35,4% Fluorwasserstoff unverändert destilliert. Konzentriertere Säure liefert erst ein konzentrierteres, verdünnte Säure erst ein schwächeres Destillat.

B. Darstellung einiger Fluoride.

Trotz der großen Zahl von binären, ternären und quaternären Fluoriden, welche man, von der wässerigen Flußsäure oder der wässerigen Lösung ihrer Salze ausgehend, dargestellt hat, bietet die präparative Seite der diesbezüglichen Arbeiten nur wenig Abwechslung. Abdampfen, Eindunsten, Filtrieren, Dekantieren, Neutralisieren und Auflösen sind Arbeiten, bei denen technische Schwierigkeiten höchstens bezüglich der Gerätefrage gelegentlich auftauchen mögen, und diese Schwierigkeiten sind bereits im allgemeinen Teil behandelt worden. Es mag aber nützlich sein, darauf hinzuweisen, daß sehr viele dieser Fluoride — insbesondere alle Schwermetallfluoride — durch reines Wasser bzw. Wasserdampf häufig schon bei der Temperatur eines Wasserbades, meist aber bei Rotglut, hydrolytisch gespalten werden. Gar häufig ist deshalb die Darstellung der wasserfreien Verbindung von der wässerigen Flußsäure aus überhaupt nicht möglich (z. B. HgF_2). Jedenfalls sollten Fluoride nie anders denn in vor Luftfeuchtigkeit geschützten Schränken oder Öfen erhitzt werden, und immer wird man gut tun, sich vor dem Beginn der Arbeit aus der Literatur hierüber die nötige Auskunft zu holen (soweit eine solche zu finden ist).

Der große Reiz, welchen die Darstellung der Fluoride aus wässeriger Flußsäure hat, liegt vor allem in der Aufklärung ihres systematischen Zusammenhangs durch die Untersuchung ihrer physikalischen und chemischen Eigenschaften.

Für die Zwecke dieses Buches dürfte es deshalb genügen, wenn wir unter den hierhergehörigen Verbindungen einige derjenigen herausgreifen, welche selbst wieder als Ausgangsstoffe für eine größere Zahl anderer Fluoride Bedeutung gewonnen haben bzw. gewinnen können, oder aber nach ihren Eigenschaften ein besonderes Interesse haben dürften. Es sind dies das Bleifluorid (praktisch unlöslich in Flußsäure), Quecksilberfluorür (unlöslich in Flußsäure) und Quecksilberfluorid (durch Wasser hydrolysiert), Zinkfluorid (etwas löslich in Flußsäure), Silberfluorid (leicht löslich selbst in Wasser) und Antimontrifluorid (hydrolysierbar) einerseits, sowie das Oktafluortrikaliumhydroplumbat K_3HPbF_8 und das Hexafluoroxytrikaliumbismutat K_3BiOF_6 andererseits.

a) Bleidifluorid ($PbF_2 = 245{,}1$).

Man erhält das Bleidifluorid durch Eintragen von reinem salpeter- und essigsäurefreiem basischen Bleikarbonat*) in überschüssige ($+ 1/4$) reine Flußsäure, welche sich in einer Platinschale befindet, Erwärmen bis die Kohlensäureentwicklung beendet ist (etwa 24 Stunden), Absetzenlassen, Abgießen der überstehenden Säurelösung und Eindampfen des Rückstandes bis zur Trockne. Das letztere geschieht am besten auf einem Sandbad oder noch besser auf einer elektrisch geheizten Heizplatte, damit das trockene Salz mit den Verbrennungsgasen einer Heizung überhaupt nicht mehr in Berührung kommt. Das trockene Produkt wird zur Zerstörung des Bleifluoridfluorhydrats in einem Platintiegel rasch geschmolzen, indem dieser in einen bereits glühenden, elektrisch geheizten Tiegelofen eingesetzt wird.

Eigenschaften: Weißes kristallines Pulver.

Schmelzpunkt: bei dunkler Rotglut.

Löslichkeit: etwa 5,5 Millimol. im Liter Wasser, mehr in Gegenwart von Salpetersäure und salpetersauren Salzen.

Spezifisches Gewicht: 8,241 [1]).

Bildungswärme: 107,6 Kal.[1]).

Das Bleidifluorid hat Verwendung gefunden zur Darstellung von

α) Phosphorsulfofluorid [282]) ($PSF_3 = 120$). Frisch bereitetes Phosphorpentasulfid aus amorphem Phosphor und gepulvertem Stangenschwefel wird schnell mit der berechneten Menge frisch geschmolzenen Bleifluorids zerstoßen und in dünner gleichmäßiger Lage in ein trockenes Blei- oder Messingrohr gebracht, welches an beiden Enden offen ist. An das eine Ende kommt ein Kautschukstopfen und Gasentbindungsrohr; das andere Ende wird mit einem Apparat für trockenen Stickstoff verbunden. Die Luft im Rohr wird mit trockenem Stickstoff schnell ausgeblasen und dann das Rohr selbst gelinde erhitzt, damit aller Schwefelwasserstoff herauskommt, welcher durch die atmosphärische Feuchtigkeit aus dem Phosphorpentasulfid erzeugt sein könnte. Wenn das Rohr mit Stickstoff völlig gefüllt ist, wird der Stickstoffstrom abgestellt und das Bleirohr von hinten nach vorn mit einer kleinen Bunsenflamme erhitzt. Die Reaktion setzt bei 170° ein; die Temperatur sollte 250° aber nicht überschreiten, da sich das Gas bei höherer Temperatur wieder zersetzt. Das Gas wird über trockenem Quecksilber gesammelt und in einem Gasometer über einigen Stückchen Kalziumoxyd aufbewahrt; es muß sich in Kalilauge oder Ammoniak völlig lösen. Das Kalziumoxyd im Gasometer muß an der Sprengelpumpe von Luft und Stickstoff befreit werden, ehe man das Phosphorsulfofluorid

*) Bleiglätte eignet sich ihres Mennigegehaltes wegen hierfür nicht.

einläßt; es absorbiert das Phosphortrifluorid und Siliziumtetrafluorid in etwa 1 Tag.

Eigenschaften: Farbloses Gas von höchst unangenehmem Geruch; entzündet sich an der Luft.

Siedepunkt: unterhalb 0°. Unter 7,6 Atm. Druck bei 3,8° [186] [281]).

β) Ganz ähnlich beschreibt Moissan[153]) ein Verfahren zur Darstellung von **Phosphortrifluorid.** Man erhitzt ein Gemenge aus gleichen Teilen Fluorblei und Phosphorkupfer in einem unten geschlossenen Messingrohr von etwa 2 cm Durchmesser und 25 cm Länge, dessen oberes, durch einen Gummistopfen mit Bleirohr (zur Fortführung des entwickelten Gases) verschlossenes Ende durch eine Bleischlange gekühlt wird. Die übrigen Teile des Apparates können ebenso, wie das oben in Abschn. 1 bei Phosphortrifluorid (Fig. 8) beschrieben wurde, angeordnet werden. (Bezüglich der Erzeugung eines sehr reinen Gases siehe die Originalarbeit. Bezüglich der Eigenschaften des PF_3 siehe oben S. 28.)

γ) Das Bleidifluorid wird des ferneren gebraucht bei der Darstellung von **Molybdändioxydifluorid** MO_2F_2 [263]) und **Wolframoxytetrafluorid** WOF_4 [226]) aus Molybdän- bzw. Wolframtrioxyd.

b) Quecksilberfluorür (HgF = 219).

Darstellung: Nach dem von Finkener[59]) angegebenen Verfahren der Darstellung, aus Merkurokarbonat und Flußsäure, lassen ich mit nur geringen Abänderungen leicht größere Mengen des Salzes erhalten. Man hat vor allem zu beachten, daß man im Dunkeln arbeitet; denn das Merkurokarbonat und -fluorür sind lichtempfindlich[222]).

150 g Quecksilberoxydulnitrat werden in etwa 450 ccm Wasser unter Zusatz von etwa 60 ccm verdünnter Salpetersäure gelöst und in dünnem Strahl in eine Lösung von 50 g Kaliumbikarbonat in 1 l Wasser unter kräftigem Schütteln gegossen. Nach mehrmaligem Dekantieren mit kohlensäuregesättigtem Wasser — bis alles Nitrat und Alkalikarbonat entfernt sind — wird abgenutscht und scharf abgesaugt. Ohne weiter getrocknet zu werden, wird das Oxydulkarbonat in kleinen Portionen in etwa 40% Flußsäure (rein zur Analyse) eingetragen. Das Fluorür scheidet sich sehr schnell als gelbes Pulver ab. Man fährt fort mit dem Eintragen, solange noch eine kräftige CO_2-Entwicklung stattfindet, gießt die überstehende, jetzt stark verdünnte Flußsäure ab, setzt wieder einige Kubikzentimeter 40 proz. Flußsäure zu und dampft auf einem Wasserbade im verdunkelten Abzuge zur Trockne ein. Nach etwa 2—3 stündigem Erhitzen im Trockenschrank auf 120 bis 150° wird das Fluorür in einer Platinflasche im Exsikkator neben P_2O_5 aufbewahrt und ist so, vor Luft geschützt, unbegrenzt haltbar.

Eigenschaften: Gelbe, feine Nädelchen.

F. 570° (HgCl 302°).

$D_{15} = 8{,}73$ (HgCl 7,1).

Zerfällt beim Verdampfen teilweise in Quecksilberfluorid und Quecksilber; ersteres bleibt, weil schwerer flüchtig, zum größten Teil im

Rückstand; letzteres destilliert mit etwas Fluorür und sehr wenig Fluorid ab (siehe den folgenden Abschnitt).

Das Quecksilberfluorür dient vor allem zur Darstellung des sehr viel reaktionsfähigeren Quecksilberfluorids. Merkwürdigerweise hat das Fluorür, trotzdem es so bequem zu gewinnen ist, zur Darstellung anderer Fluoride sonst kaum Anwendung gefunden.

Quecksilberfluorid ($HgF_2 = 238$).

Darstellung[222]): Es bieten sich die folgenden drei Verfahren:

1. das Erhitzen von Merkurofluorid im Chlorstrom, entsprechend der Gleichung $Hg_2F_2 + Cl_2 = HgF_2 + HgCl_2$;

2. das Erhitzen von Merkurofluorid im Bromstrom, entsprechend der Gleichung $Hg_2F_2 + Br_2 = HgF_2 + HgBr_2$;

3. das Erhitzen von Fluorür für sich allein, entsprechend der Gleichung $Hg_2F_2 = HgF_2 + Hg$.

Die als Nebenprodukte bei diesen Reaktionen auftretenden Stoffe, das Quecksilberchlorid bzw. -bromid und das Quecksilber lassen sich bei passender Wahl von Temperatur und Druck durch Sublimation entfernen.

Was die vergleichsweise Brauchbarkeit der drei Verfahren anlangt, so sind alle drei Verfahren brauchbar, wenn es sich um die Darstellung nur weniger Gramm Merkurifluorid ohne Rücksicht auf Ausbeute handelt; bei der Darstellung größerer Mengen ist das Chlorverfahren, weil es die geringsten experimentellen Schwierigkeiten macht und die besten Ausbeuten liefert, das einzig zweckmäßige. Dieses allein wird deshalb auch ausführlicher beschrieben.

Eine Platinschale mit etwa 50 g Fluorür wird mit einem einfach durchlochten Platinblech zugedeckt und in einen Porzellanexsikkator mit Glasglocke gestellt. Die beiden Teile des Exsikkators werden durch Metallklemmen zusammengepreßt, um den Apparat, dessen Inneres dauernd unter Atmosphärendruck bleibt, dichtzuhalten. In dem Hals der Glasglocke sitzt ein dreifach durchbohrter Korkstopfen für ein Platinrohr zum Zuleiten von Chlor und Stickstoff oder Kohlendioxyd bzw. Luft, ein Glasrohr zum Wegleiten der Gase und ein Thermometer, dessen Kugel bis auf den Platindeckel hinabgesenkt wird. Das Zuleitungsrohr führt durch den Platindeckel bis dicht auf das Fluorür. Das Ableitungsrohr ist gebogen und reicht bis auf den Grund des Exsikkators. Diese Maßregel ist notwendig, da in dem oberen, etwas kühleren Teil der Glocke sich Sublimat ansetzt und ein kurzes Rohr schnell verstopfen würde. Zum Abschluß ist an das Ableitungsrohr ein Trockenrohr mit Phosphorpentoxyd gefügt. Der Exsikkator wird auf einen kleinen Untersatz in einen als Luftbad dienenden Asbestkasten gesetzt und darin nach dem Anstellen des Chlorstroms auf 275° erhitzt; die Temperatur ist in etwa $^1/_2$ Stunde leicht zu erreichen; der Umsatz ist in etwa 4 Stunden beendet. Der Chlorstrom wird dann abgestellt und das Fluorid im Stickstoff- oder Kohlendioxyd- oder Luftstrom erkalten gelassen.

Ausbeute: 50 g Fluorür liefern etwa 25 g Fluorid, entsprechend 92% der Theorie; das sorgsamste Trocknen der Gase, des Merkurofluorids und des Apparates ist für diese Ausbeute und eine gute Beschaffenheit des Fluorids die selbstverständliche Voraussetzung.

Eigenschaften: Das Fluorid ist in völlig reiner Form weiß und erscheint in den Sublimaten in Form lichtbrechender, durchsichtiger, oktaedrischer Kristalle.

F. 645° ($HgCl_2$ 277°).

$D_{15} = 8{,}95$ ($HgCl_2$ 5,40).

Die Siedetemperatur bei 760 mm liegt etwas oberhalb 650° ($HgCl_2$ 303°).

Der Wirkung des Dampfes widersteht kein Gefäßmaterial. Beim Verdampfen des Fluorids in Platingeräten überziehen sich diese mit Platinfluorür, und es bilden sich Merkurofluorid und Quecksilber, etwa entsprechend der Gleichung $2\,HgF_2 + Pt = PtF_2 + Hg_2F_2$.

Verhalten gegen Wasser: Das Fluorid ist gegen Wasserdampf äußerst empfindlich. Schon beim Aufbewahren im Exsikkator färbt sich das rein weiße Fluorid infolge der Aufnahme von Spuren Wasserdampf allmählich gelb.

An freier feuchter Luft ist das Fluorid ganz unbeständig; unter der Wirkung ihres Wasserdampfes gehen die Abspaltung der Flußsäure, die Bildung von gelbem Oxyfluorid und schließlich selbst von Quecksilberoxyd schnell vor sich.

Wird das Fluorid mit ganz wenig Wasser befeuchtet, so entfärbt es sich, wenn es gelb war; es entweichen Flußsäuredämpfe, und es bildet sich nicht das gelbe anhydrische, sondern ein rein weißes hydratisches Oxyfluorid; bei Zugabe von mehr Wasser entsteht allmählich rotes Oxyd.

In wässeriger stärkerer Flußsäure löst sich das Fluorid glatt auf. Es ist dies auf Grund älterer Beobachtungen wohl verständlich; denn nach Cox ist für die Lösung von Merkurifluorid eine geringste Säurekonzentration von 1,14 normal bei 25° nötig, wenn sich kein Oxyfluorid ausscheiden soll.

Engt man die Lösung des Fluorids in 40proz. Flußsäure durch Verdunsten ein, so scheiden sich aus ihr kleine farblose Kriställchen etwa der Zusammensetzung $HgF_2 + 2\,H_2O$ aus, und sind mit dem von Finkener zuerst dargestellten hydratischen Merkurifluorid identisch. Dampft man die Lösung zu weit ein, bzw. entfernt man durch das Eindampfen zuviel Flußsäure, so hinterbleibt ein mehr oder minder stark gelbgefärbtes Oxyfluorid.

Unter den mancherlei sonstigen Reaktionen seien vor allem diejenige mit Essigsäure erwähnt, bei welcher Azetylfluorid gebildet wird, und diejenige mit Schwefel, bei welcher Schwefeltetrafluorid zu entstehen scheint.

c) Zinkdifluorid ($ZnF_2 = 103{,}4$).

Darstellung: Reines Zinkkarbonat wird in einen Überschuß von heißer starker Flußsäure eingetragen. Das Karbonat löst sich anfangs darin auf, veranlaßt aber bald die Ausscheidung des Fluorids in Form weißer undurchsichtiger Kriställchen. Ohne diese abzufiltrieren, dampft man die Lösung auf der Heizplatte ein und trocknet den Rückstand, unter Fernhaltung von Luftfeuchtigkeit bei 300°. Ein Abfiltrieren des Fluorids aus der kalten Lösung ist nicht angängig, da Zinkfluorid in der Kälte mit 4 Mol. Wasser kristallisiert.

Eigenschaften: Das Zinkfluorid ist schwer löslich in reinem Wasser, leichter in flußsäurehaltigem; löslich in Salzsäure, Salpetersäure und wässerigem Ammoniak.

Dichte bei 10°: 2,567 [33]).

Von den mancherlei Fluoriden, bei deren Darstellung sich das Zinkfluorid nützlich erwiesen hat, seien das Phosphoroxyfluorid POF_3 [150]) und auch wieder das Phosphortrifluorid PF_3 [148]) erwähnt.

α) **Phosphoroxyfluorid** ($POF_3 = 104$).

Darstellung: Gut getrocknetes, aber nicht geschmolzenes Fluorzink wird in ein einseitig geschlossenes Messingrohr gebracht, welches mit einem doppelt durchbohrten paraffinierten Korkstopfen verschlossen ist. In der einen Bohrung sitzt ein Tropftrichter, durch welchen man das Phosphoroxychlorid langsam zu dem auf etwa 40° erwärmten Zinkfluorid tropfen läßt, in der anderen ein Gasableitungsrohr aus Blei. Das Gas wird zu einer Messing- oder Kupfervorlage (ähnlich der von Fig. 12) geleitet, welche auf —20° gehalten wird, und zieht von da durch ein Glasrohr mit Fluorzinkstückchen, um hier von den letzten Resten des Chlorids befreit zu werden. Danach ist es rein.

Das Phosphoroxyfluorid ist ein farbloses, stechend riechendes Gas, raucht nur wenig an der Luft, schmilzt bei —68° und siedet bei —40°.

β) Die Darstellung des **Phosphortrifluorids** PF_3 mit Hilfe von Fluorzink ist der eben beschriebenen ganz ähnlich.

Auf ein Verfahren zur Darstellung von Thionylfluorid [137]) sei nur hingewiesen.

d) Silberfluorid [151]) [179]) (AgF = 126,9)

Darstellung: Man stellt sich zunächst reines Silberkarbonat her, indem man eine Silbernitratlösung in eine verdünnte Natriumbikarbonatlösung einfließen läßt und den Niederschlag durch Dekantieren mit Wasser bis zum Verschwinden der Salpetersäurereaktion auswäscht. Das Karbonat löst man in reiner überschüssiger Flußsäure und dampft dann die klare Lösung rasch erst über offener Flamme bis zur beginnenden Kristallisation und dann auf dem Sandbad unter beständigem energischen Umrühren mit einem langen Platinspatel vollständig zur Trockne ein. Das so dargestellte Silberfluorid ist braunschwarz, feingekörnt und sehr hygroskopisch, löst sich aber nicht mehr vollkommen in Wasser, da es etwas Silber und Silberoxyd enthält.

Es eignet sich in dieser Form ohne weiteres zur Umsetzung mit den im folgenden erwähnten Chloriden der Metalloide.

Will man ganz reines Silberfluorid für bestimmte Zwecke bereiten, so löst man das wie oben dargestellte Fluorid in Wasser, filtriert die Lösung bei rotem Licht und verdunstet sie in einer Platinschale unter vermindertem Druck in einem Exsikkator aus braunem Glase über 98proz. konzentrierter, des öfteren zu erneuernder Schwefelsäure.

Das Fluorid erscheint dann zuerst in Form farbloser Prismen ($AgF \cdot 2\,H_2O$) und kleiner gelber Würfel ($AgF \cdot H_2O$), bildet aber schließlich eine hellgelbe, hornartig elastische und deshalb sehr schwer zu zerkleinernde Masse. Es löst sich in etwa 0,55 Teilen Wasser und schmilzt bei 435°. Das geschmolzene Fluorid läßt sich nicht mehr pulvern, wohl aber zu Platten schlagen und mit der Schere schneiden.

Unter den aus Silberfluorid darstellbaren Fluoriden wäre zunächst das Silberfluorür Ag_2F [91]) [307]) zu erwähnen, welches man durch einfaches Stehenlassen einer konz. Silberfluoridlösung über feinverteiltem Silber, einem Stück Silberblech, oder in einer Silberschale in Form schöner Kriställchen mit Bronzereflexen erhalten kann. Bei der Darstellung des Salzes müssen Staub, Licht und Feuchtigkeit ferngehalten werden. Rascher kommt man zum Ziel, wenn man bei einer Temperatur von 50—90° arbeitet.

Unter den vielen Metalloidfluoriden, welche aus den entsprechenden Jodiden, Bromiden oder Chloriden erzeugt worden sind, nennen wir nur die folgenden: BF_3, CF_4, CHF_3, CH_2F_2, CH_3F, C_2H_5F, SiF_4, NOF, PF_3, PF_5, POF_3.

Das Fluorsilber ist das meist gebrauchte Fluorid zur Einführung von Fluor an Stelle anderer Halogene in Kohlenstoffverbindungen. Zwei Beispiele hierfür mögen genügen.

α) Tetrafluormethan[27]) ($CF_4 = 88$).

Darstellung: In einem widerstandsfähigen Schießrohr werden 5,1 g Silberfluorid mit 1,55 g Kohlenstofftetrachlorid 2 Stunden lang auf 220° erhitzt. Das Rohr wird, wenn alles vorher sorgfältig getrocknet war, hierbei kaum angegriffen, und das Gas ist durch Fraktionieren leicht rein zu erhalten.

Eigenschaften: Das farblose Gas ist in Wasser nur wenig, in Äther und Alkohol leicht löslich und siedet bei —150°. Ausbeute quantitativ.

β) Fluoroform[136]) [288]) ($CHF_3 = 70$).

Darstellung: Je 1 Teil Jodoform und Fluorsilber werden innig mit trockenem Quarzsand gemischt und auf dem Wasserbad erwärmt. Bei etwa 40° beginnt die Umsetzung und schreitet ganz allmählich weiter, ohne daß äußere Wärmezufuhr nötig ist. Das freiwerdende Fluoroformgas wird erst mit Alkohol und dann mit Kupferfluorürlösung gewaschen und nun über Wasser aufgefangen.

Eigenschaften: Das Fluoroform verflüssigt sich bei +20° C erst unter 40 Atm. Druck. Ausbeute quantitativ.

Als Ausgangsstoff zur Darstellung anorganischer Fluoride wird Silberfluorid weniger gebraucht. Erwähnt sei das

γ) Nitrosylfluorid[248]) (NOF = 49).

Darstellung: Ein mit Nitrosylchlorid beschickter Glaskolben wird mittels eines Glasrohres durch Paraffinstopfen mit einem 60 cm langen, 1 cm weiten Platinrohr verbunden, welches mit trockenem Fluorsilber beschickt und in einem 45 cm langen Asbestkasten auf 200—250° erhitzt wird. Dieses mündet, durch Paraffin gedichtet, in einen Zweihahnkolben aus Platin, welcher durch flüssige Luft gekühlt und am anderen Ende durch ein Kalziumchloridrohr vor Eintritt von Feuchtigkeit geschützt ist. Das auf —5° abgekühlte Nitrosylchlorid destilliert nur langsam über das Fluorsilber weg, so daß die Destillation von 10—15 g NOCl etwa 3 Stunden währt. Die Operation wird mit dem Destillat zweimal wiederholt; schließlich wird das Fluorid zur Entfernung der letzten Reste des Chlorids fraktioniert destilliert.

Eigenschaften: Das Fluorid schmilzt bei —134° und siedet bei —56°. Dichte (758,9 mm; 32°): 1,721.

Als Flüssigkeit und Gas ist das Fluorid farblos und greift trockenes Glas nur langsam an. Das Gas ähnelt in seinen Reaktionen mit Si, B, P u. a. dem Fluor, greift aber J, S und C auch beim Erwärmen nicht an. In Wasser löst es sich mit blauer Farbe, gibt dann aber rasch NO und HNO_3.

e) Antimontrifluorid (SbF_3 = 177,3).

Dieses Fluorid ist billig im Handel zu haben. Um es darzustellen, löst man Antimontrioxyd Sb_2O_3 in überschüssiger Flußsäure und verdampft die Lösung auf einer Heizplatte rasch zur Trockne. Der hygroskopische Salzrückstand muß, da er immer noch etwas Feuchtigkeit enthält, ebenso wie das Salz des Handels für alle Zwecke, bei denen reines wasserfreies Fluorid notwendig ist, destilliert werden.

Die Destillation macht keinerlei Schwierigkeiten, da sie in Kupfergefäßen geschehen kann; sie wird genau so ausgeführt wie die weiter unten beschriebene Destillation des Titantetrafluorids [243]). Das Fluorid wird am besten eingeschmolzen in trockenen Präparatenröhren aufbewahrt.

Eigenschaften des wasserfreien Fluorids:

Siedepunkt: 319° (korr.).

Bildungswärme [88]): $Sb_{fest} + 3\,F_{gasf.} = SbF_{3\,fest} + 144{,}3$ Kal.

Dichte bei 20,9°: 4,379.

Das Fluorid ist rein weiß, hygroskopisch, leicht löslich in Wasser, wird dabei aber zum Teil hydrolysiert. Es bildet mit den verschiedensten Alkalisalzen leicht Doppelverbindungen.

Fluoride aus Antimontrifluorid: Mit flüssigem Chlor und Brom entstehen Doppelfluoride des Antimonpentafluorids mit Antimonpentachlorid [z. B. $(SbF_5)_3(SbCl_5)_2$] bzw. Antimonpentabromid [209]), deren große Reaktionsfähigkeit Swarts bei der Darstellung vieler organischer Fluoride benutzt hat [271] [272]), die sich aber auch schon in der anorganischen Chemie, z. B. zur Darstellung von Arsenpentafluorid und Nitrosylfluorid, verwertbar gezeigt haben [248]) [273]).

Swarts benutzt bei seinen Reaktionen meist wasserfreies Antimontrifluorid neben Brom; z. B. beim

Trichlorfluorkohlenstoff (CCl_3F = 137,5).

Darstellung[272]): Man mischt in einer Glasflasche mit Gasableitungsrohr 1 Mol. wasserfreies SbF_3 mit 1 Mol. Br_2 und fügt einen Überschuß von Tetrachlorkohlenstoff zu. Nun erwärmt man bis etwa 45 bis 50°; es tritt eine lebhafte Entwicklung des bei dieser Temperatur gasförmigen Fluorids ein, welches zur Entfernung mitgerissenen Broms durch warme Natronlauge (etwa 30°) gewaschen und zur Entfernung der Feuchtigkeit durch Chlorkalzium getrocknet wird. Man verdichtet das etwas nach Heliotrop riechende Gas in einer durch eine gewöhnliche Kältemischung gekühlten Vorlage zu einer bei 24,9° siedenden farblosen Flüssigkeit.

Dichte bei 17,2°: 1,4944.

f) Oktafluortrikaliumhydroplumbat ($PbF_4 \cdot 3\,KF \cdot FH$ = 477,7).

Darstellung[14]): Es wird bereitet, indem man 3 Mol. Kaliumbifluorid (234,3 Teile) in überschüssiger Flußsäure löst und zu der Lösung 1 Mol. reines, in der nachstehend beschriebenen Weise hergestelltes Bleitetraazetat (442,9 Teile) gibt. Die Lösung wird im Vakuum bei höchstens 30° unter Hindurchleiten eines Luftstromes eingedampft und liefert dann das gewünschte Salz in langen nadelförmigen Kristallen.

Zum Eindampfen bedient man sich mit Vorteil einer Kupferretorte, entsprechend der in Fig. 11 gezeichneten, in welche man eine Platinschale mit flachem, gut anliegendem Boden setzt. Der Deckel wird

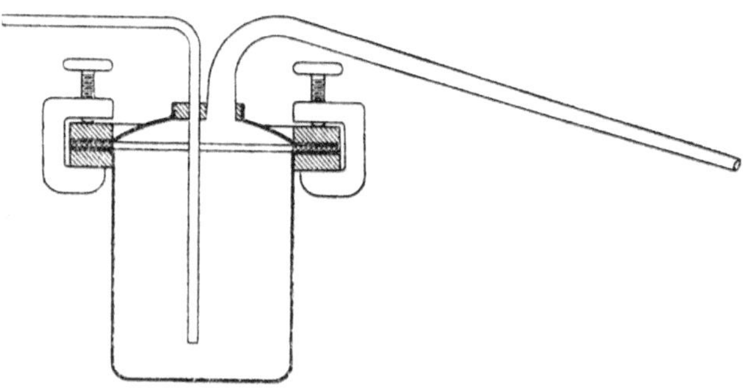

Fig. 11.

durch einen Gummiring gedichtet und durch Klemmschrauben festgehalten. Das Zuleitungsrohr für die Luft wird einige Zentimeter unter dem Deckel abgeschnitten und durch ein dünnes Platinröhrchen geeigneter Länge ersetzt, welches mit einem Stückchen Gummischlauch an ihm hängend befestigt wird. Zwischen Retorte und Wasserstrahlpumpe bringt man eine Kupfer- oder Bleivorlage, welche durch eine Kältemischung gekühlt wird, und hinter diese noch einen mit festem Kaliumhydroxyd gefüllten Trockenturm.

In Ermangelung einer Kupferretorte läßt sich auch ein gewöhnlicher Vakuumexsikkator benutzen, auf dessen Grund man etwa 2 cm hoch erbsengroße Stückchen frisch geschmolzenes Ätzkali bringt. In das Ätzkali setzt man die Platinschale auf einen niederen Glasdreifuß und stülpt eine Eisenschale glockenförmig über sie, so daß deren Rand auf dem Ätzkali aufliegt.

Eigenschaften: Das Salz wird durch Wasser sofort hydrolysiert; es bildet sich $Pb(OH)_4$. Mit konz. Schwefelsäure entstehen PbF_2 und Perschwefelsäure.

Das Bleitetraazetat ist ein sehr leicht zugängliches Salz, welches man sich wie folgt bereitet:

In ein dickwandiges, hohes Becherglas, einen sog. Filtrierstutzen, bringt man 4 Teile reinen wasserfreien Eisessig. Sodann trägt man unter beständigem Umrühren mit einem durch eine Turbine getriebenen Rührer einen Teil fein gesiebter Mennige in kleinen Portionen nach und nach ein. Um die Reaktionswärme, die zur Abscheidung von Superoxyd führen würde, wegzunehmen, setzt man den Filtrierstutzen in ein Gefäß mit kaltem Wasser. Nachdem alles eingetragen ist, bringt man den Inhalt des Becherglases in eine Pulverflasche und setzt diese über Nacht in eine Schüttelmaschine. Auf diese Weise wird die Mennige quantitativ in Tetraazetat umgewandelt, welches sich bei ruhigem Stehen zum größten Teil als weiße Kristallmasse am Boden des Gefäßes absetzt. Diese wird auf einer Nutsche abgesaugt und mit etwas Eisessig gewaschen, wobei man sorgfältig darauf achten muß, daß die Substanz nicht ganz trocken wird, da sonst leicht infolge der Luftfeuchtigkeit Zersetzung eintritt. Zur vollkommenen Reinigung wird das Salz aus möglichst wenig heißem Eisessig umkristallisiert und im Vakuum über Schwefelsäure und Kalziumoxyd getrocknet.

Da Bleitetraazetat auch in kaltem Eisessig etwas löslich ist, bleibt ein kleiner Teil desselben in Lösung.

Enthält Bleitetraazetat Diazetat, so kann man es durch Ausziehen mit Chloroform, dem einige Tropfen Eisessig zugesetzt sind, von dem in Chloroform unlöslichen Diazetat trennen. Durch Abdestillieren des Chloroforms erhält man dann das Tetraazetat zurück.

g) Hexafluortrikaliumoxybismutat[217] ($BiOF_3 \cdot 3\,KF = 455{,}2$).

Darstellung: Sog. Wismutpentoxyd wird in reiner 60 proz. Flußsäure*) gelöst; der wahre Gehalt der Lösung an Pentoxyd wird gasometrisch durch Messen der mit H_2O_2 entwickelten O_2-Menge bestimmt. Auf jedes Atom Wismut in der Lösung werden 3 Mol. Kaliumbifluorid

*) Die gewöhnliche reine Säure muß durch Zugabe reiner wasserfreier Säure auf eine solche Stärke gebracht werden.

zugegeben; alsdann wird die Lösung in derselben Weise, wie dies beim vorhergehenden Salz beschrieben worden ist, bei möglichst niederer Temperatur möglichst rasch bis auf einige Kubikzentimeter eingedunstet, von dem inzwischen ausgeschiedenen Trifluorid abgegossen und dann im Eisschrank zur Kristallisation (evtl. Exsikkator wie oben) beiseite gestellt. Nach einigen Stunden haben sich die großen farblosen Kristalle des Bismutats abgeschieden. Sie dürfen nicht zwischen Filtrierpapier abgepreßt werden, da sie sonst eine fast explosionsartige Zersetzung erfahren.

Die Zersetzung des Salzes unter Bildung von BiF_3, KF und O macht sich schon beim Erwärmen auf etwas über 40° allmählich bemerkbar; das Salz färbt sich schwarzbraun und schließlich, gegen 90°, bläht es sich unter Entwicklung von Sauerstoff plötzlich auf und entfärbt sich.

Das sog. Wismutpentoxyd gewinnt man wie folgt: 100 g frisch gefälltes, gut gewaschenes und abgepreßtes, feuchtes Wismutoxyd werden in 500 g 40proz. Kalilauge aufgeschlämmt, siedend heiß unter lebhaftem Umrühren chloriert, bis eine kräftige Gasentwicklung und starkes Schäumen eintritt, und dann auf Eis gegossen. Das braune Oxyd wird auf einem Koliertuch abfiltriert, gewaschen, abgepreßt, analysiert und in noch feuchter Form als Paste verwendet.

3. Reiner Fluorwasserstoff und die damit darzustellenden Fluoride.

A. Reiner Fluorwasserstoff (wasserfreie Flußsäure) HF = 20.

Reiner Fluorwasserstoff bildet sich beim Erhitzen von vollkommen wasserfreien Alkalibifluoriden. Der Darstellung dieses Fluorwasserstoffs hat deshalb diejenige des reinen trockenen Alkalibifluorids vorauszugehen.

a) **Kaliumbifluorid** (KF · HF = 78,4).

Im Handel finden sich sowohl Kaliumbifluorid als auch Natriumbifluorid; das zweite ist billiger und ergiebiger als das erstere, trotzdem ist das erstere im Laboratorium vorzuziehen. Das Natriumbifluorid verliert seinen Fluorwasserstoff leichter als das Kaliumbifluorid und muß deshalb bei niedrigerer Temperatur getrocknet werden. Dies bedingt einen erheblichen Aufwand an Zeit und trocknendem Ätzkali, ohne welchen der Fluorwasserstoffverlust während des Trocknens zu groß würde. Das Kaliumbifluorid kann bei höherer Temperatur und deshalb in sehr viel kürzerer Zeit und ohne besondere Trockenmittel getrocknet werden; es schmilzt, ehe es seinen Fluorwasserstoff abgibt. Das Kaliumbifluorid ist deshalb vor der Destillation von den letzten Resten seines Wassergehaltes bequem zu befreien. Das Natriumbifluorid gibt Fluorwasserstoff ab, schon vor dem Schmelzen, und verliert ihn zugleich mit dem Wasser in dem Maße, als es heißer wird. Die letzten Reste seines Wassergehalts gehen deshalb mit in das Destillat.

Wenn die wasserfreie Flußsäure zur Darstellung von Fluor oder zum Umsatz mit Chloriden benutzt werden soll, ist das „technische Kaliumbifluorid" hinreichend rein, um nach gründlichem Trocknen Verwendung finden zu können, obwohl es gewöhnlich einen erheblichen Prozentsatz von Kaliumsilikofluorid enthält.

α) **Reinigung von Kaliumbifluorid.** Macht man größere Ansprüche an die Reinheit, so laugt man das technische Salz mit siedend heißem Wasser aus, filtriert die Lösung durch einen heißen Kupfertrichter und läßt sie kristallisieren. Das in großen Tafeln oder Blättern ausgeschiedene Salz sammelt man in einem Spitztuch und preßt es, nachdem die Mutterlauge abgelaufen ist, gut aus.

β) **Darstellung von Kaliumbifluorid.** Will man reines Salz für Übungszwecke im Laboratorium selbst bereiten, so benutzt man die wie unter 1 beschrieben dargestellte Flußsäure, teilt diese in Bleigefäßen in zwei genau gleiche Teile, neutralisiert die eine Hälfte mit reinem Kaliumkarbonat und gibt dann die andere Hälfte zu. Das gebildete Silikofluorid läßt man während einiger Stunden absitzen, gießt die klare Lösung in eine Platinschale ab, kocht sie darin bis zur beginnenden Kristallisation ein und läßt sie dann erkalten. Die abgeschiedenen Kristalle werden wie oben weiter behandelt. Derartiges Kaliumbifluorid ist leicht sulfathaltig; darf dies nicht sein, so verwendet man statt der rohen Flußsäure die unter 1 b) beschriebene destillierte.

Um aus dem Bifluorid wasserfreie Flußsäure herstellen zu können, muß das Salz erst getrocknet werden. Wir erreichen dies wie folgt:

γ) **Trocknen des Kaliumbifluorids.** Das Salz kommt in eine Kupferretorte von etwa 10 cm lichter Höhe und 8 cm Durchmesser (Fig. 11 S. 40). Die Retorte faßt etwa 650 g Salz und steht in einem Sandbad, dessen Temperatur wir am Boden der Retorte auf 120—150°, aber maximal 150° halten. Auf der Retorte sitzt, mit einem Bleiring gedichtet und durch Klemmschrauben gehalten, ein etwas gewölbter, oben mit zwei Bohrungen versehener Kupferdeckel. Durch die eine Bohrung ist ein Kupferrohr bis fast auf den Grund der Retorte geführt (den Deckel setzt man auf, indem man die Retorte etwas schief hält und schüttelt, damit das Salz den Weg frei gibt); durch dies Rohr wird ein langsamer Luftstrom (1—2 Blasen pro Sekunde) geleitet, welcher die Wasserdämpfe wegzuführen hat und deshalb durch Schwefelsäure und Phosphorpentoxyd getrocknet wird. In die andere Bohrung des Deckels ist, um die Luft abzuführen, ein zweites Kupferrohr eingesetzt; dieses wird U-förmig gebogen und hat nach außen hin eine solche Länge, daß dessen Ende nicht mehr in dem Bereich der Heizgase liegt. Morgens und abends wird das Salz unter einem gut ventilierten Abzug in einer Schrotmühle (Kaffeemühle) gemahlen; man tut gut, sich dabei ein Tuch vor Mund und Nase zu binden. Nach 3—4 Tagen ist das Salz hinreichend trocken. Man erkennt dies an dem starken Stäuben des

Salzes. Allzu langes Trocknen ist insofern schädlich, als mit der Luft dauernd etwas Fluorwasserstoff weggeführt und die Ausbeute an Flußsäure entsprechend verschlechtert wird. Das trockene Salz kann vorübergehend in einer trockenen Glasflasche aufbewahrt werden.

b) Erhitzen des Kaliumbifluorids — Destillation der wasserfreien Säure.

Wir haben es nützlich gefunden, auch in dem Fall, wo wir die wasserfreie Säure nur für unsere Fluorapparate erzeugten, die Säure nicht direkt in die Apparate, sondern in ein besonderes Vorratsgefäß einzudestillieren. Indem wir immer etwas mehr Säure destillieren, als zu einer Füllung nötig ist, sind wir nicht bloß sicher, unsere Apparate hinreichend voll zu bekommen, sondern behalten auch noch einen Vorrat für evtl. Nachfüllungen (siehe auch unten).

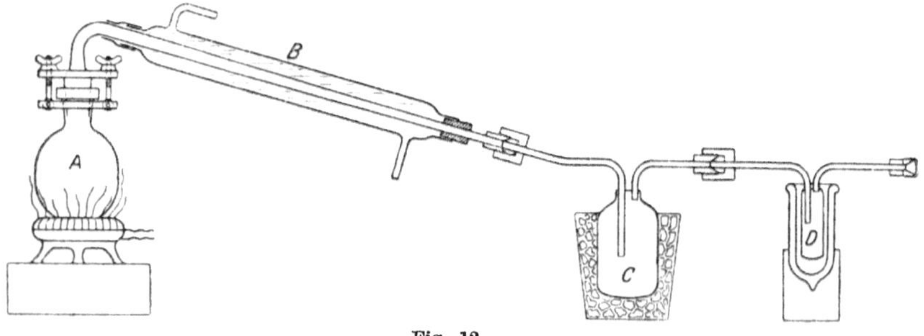

Fig. 12.

Unsere Abbildung Fig. 12 zeigt die Retorte *A* auf einem Fletcherbrenner sitzend, das Kühlerrohr *B* in einem Glasmantel und die Vorlagen *C* und *D*. In *C* wird die Säure aufgefangen; *D* dient lediglich zum Zurückhalten von Luftfeuchtigkeit und wird auch bei anderer Gelegenheit (siehe Fig. 17) gebraucht. *C* und *D* werden in Eis-Kochsalzmischung gekühlt. *A*, *B*, *C*, *D* sind aus Kupfer. Da ein kleiner Fluorapparat etwa 100 g wasserfreie Säure faßt, ein größerer etwa 250 g, und da zur Erzeugung von 100 g Säure theoretisch etwa 400 g, in Wirklichkeit aber etwa 450—500 g Bifluorid nötig sind, ist die Größe der Kupferretorte (Höhe 25 cm) in beistehender, maßstäblicher Zeichnung so bemessen, daß in dieser etwa 1200 g Salz auf einmal destilliert werden können. Helm und Kühlerrohr sind aus einem Stück und ziemlich weit*); der erstere ist in die am oberen Rand stark verdickte Retorte eingeschliffen und wird durch Flügelmuttern angezogen, bis er dicht

*) Argo, Mathers, Humiston und Anderson[4]) haben mit einem ähnlichen Apparat infolge einer Verstopfung des Ableitungsrohres durch emporgerissenes Bifluorid Explosionen erlebt; sie empfehlen deshalb die Anordnung eines Sicherheitsrohres im Helm. Wir haben bei der von uns gewählten Weite von Helm und Kühlrohr Verstopfungen in diesem Teil des Apparates nie gehabt.

schließt. Um das Kühlerrohr ist hinter dem Helm ein Bleirohr gewunden, diesem folgt ein gläserner Kühlermantel, der mit Gummischlauch auf dem Rohr befestigt ist. Das Kühlwasser läuft vom Kühler durch das Bleirohr ab, welch letzteres den Gummi am Kühlermantel vor Überhitzung schützt. Das untere Ende des Kühlerrohres läuft konisch aus und trägt eine Überfallmutter, die zu dem konisch erweiterten Gewinde auf der einen Seite des Vorratsgefäßes paßt; Gewinde und Muttern haben bei allen Apparaten dieselben Maße. Alle Apparate sind vor dem Gebrauch sorgfältig gereinigt und im Wasserstoffstrom getrocknet worden.

Früher waren an Stelle der Vorlage *D* kupferne Rohre mit geschmolzenem Kaliumfluorid angebracht, um die Luftfeuchtigkeit fernzuhalten; dadurch entstand aber einmal eine recht unangenehme Verstopfung der Verbindungsstrecke zu diesem Rohr; denn das Kaliumfluorid absorbiert nicht bloß Wasser, sondern auch Fluorwasserstoff, und dieses unter starker Volumvermehrung. Deshalb vermeidet man da, wo Fluorwasserstoff zirkulieren könnte und wo die Anwendung von Kalziumchlorid unmöglich ist, die Anwendung von Trockenmitteln als Schutz gegen von außen eindringende Feuchtigkeit besser ganz.

Ehe man mit dem Versuch beginnt, wird das Vorratsgefäß mit seinen Verschraubungen gewogen, das Gewicht notiert, dann die ganze Apparatur zusammengestellt und in solcher Lage an Stativen befestigt, daß man das Vorratsgefäß und seinen Kübel bequem abnehmen und anbringen kann; nun schraubt man das Vorratsgefäß wieder ab, setzt an dessen Stelle auf einige Holzklötzchen einen Platintiegel und beginnt mit dem Erhitzen. Bis die Flußsäuredestillation einsetzt, hat man Zeit, das Vorratsgefäß in seinem Kübel zu kühlen; man entfernt auf der einen Seite die Verschlußmutter, zieht ein Stückchen trockenen Gummischlauch darüber und befestigt an diesem ein kleines Chlorkalziumrohr; nun erst umschichtet man das Vorratsgefäß mit Kältemischung. Zu Beginn der Destillation zeigen sich zunächst einige Dämpfe; dann folgen Tropfen einer rasch immer stärker werdenden wasserhaltigen Flußsäure. Jetzt stellt man das Wasser des Kühlers an und prüft die abtropfende Säure mit einem Stückchen Filtrierpapier auf ihre Stärke. Wenn das Papier von der Säure sofort gelatiniert und dann verkohlt wird, was im allgemeinen der Fall sein dürfte, wenn 5—10 ccm Flüssigkeit abgetropft sind, fängt man im Platintiegel noch weitere etwa 10 ccm dieser Säure auf und schraubt dann das gekühlte Vorratsgefäß an. Durch Regulierung des Brenners hat man dafür zu sorgen, daß das Tropfen nicht etwa plötzlich in ein Fließen übergeht, da dann alsbald Ströme von Flußsäure unverdichtet entweichen würden. — Um das Vorratsgefäß ohne Gefahr anschrauben zu können, stellt man die Heizung der Retorte vorübergehend ein und wischt die noch am Kühler hängenden Säuretropfen mit Filtrierpapier ab. Die ersten Drehungen der sauberen Mutter des Vorratsgefäßes über das Gewinde des Kühlerrohres führt man mit der Hand aus; zum Festziehen benutzt man aber die Schraubenschlüssel*). Nun entfernt man Schlauch und Chlorkalziumrohr von der anderen Seite des Vorratsgefäßes, setzt dafür das Ansatzstück D an und fährt mit dem Heizen fort. Nach etwa $^1/_2$ Stunde umstellt man die Retorte mit Asbestplatten, um die Wärme zusammenzuhalten, und nach einer weiteren Stunde sieht man zu, ob die Destillation zu Ende ist. Zu dem Zweck wird die Heizung etwas abgestellt und die Verbindung zwischen Kühler und Vorratsgefäß gelöst (Vorsicht! Schutzbrille!); dann wird wieder angeheizt und beobachtet, ob noch eine stärkere Dampfentwicklung und in deren Gefolge ein gleichmäßiges Abtropfen der Säure stattfindet. Ist solches nicht mehr der Fall, so wird das Vorratsgefäß mit seinen Verschraubungen verschlossen, zwecks Feststellung der Ausbeute aus der Kältemischung herausgenommen, mit Wasser abgespült, dann abgetrocknet und gewogen.

Das gefüllte Vorratsgefäß darf nun nicht eher wieder geöffnet werden, als bis es wieder in seiner Eis-Kochsalzmischung abgekühlt worden ist.

Die übrige Apparatur läßt man erkalten, löst dann Kühler und Helm von der Retorte (wenn letzterer sehr festsitzt, klopft man mit einem Holzhammer von der Seite, bis er sich loslöst) und reinigt und trocknet alles sofort. Das in der Retorte befindliche Fluorid kann zum Teil als solches herausgestoßen werden; der Rest wird durch Wasser herausgelöst. Es kann wieder zur Darstellung von Bifluorid Verwendung finden.

Die in dem Vorratsgefäß befindliche Säure enthält immer Kaliumbifluorid, welches mit den Flußsäuredämpfen übergerissen worden ist. Für die Darstellung von Fluor ist das bedeutungslos, nicht aber für diejenige wasserfreier Fluoride.

Eine vollkommene Reinigung erreicht man durch eine nochmalige Destillation. Man hat dazu ein zweites Vorratsgefäß nötig; dasselbe wird an das erste, nachdem dieses in einer Kältemischung gekühlt worden ist, derart angeschraubt, daß sein tiefgeführtes Zuleitungsrohr mit dem Ableitungsrohr des ersten verbunden wird. An das Ableitungsrohr des zweiten kommt wieder die Vorlage D. Nun nimmt man das erste Gefäß aus der Kältemischung heraus, dreht die Apparatur um 180° und setzt das zweite in die Kältemischung. Indem man das erste nun in ein Wasserbad von etwa 20° setzt, dessen Temperatur man allmählich auf etwa 35—39° steigert, erreicht man die Destillation. Zu starkes Erhitzen macht sich an der Vorlage D durch das Austreten von dicken Dämpfen bemerkbar.

In dem ersten Vorratsgefäß hinterbleibt eine Lösung von Kaliumbifluorid in wasserfreier Flußsäure, die man vor einer etwaigen Reinigung erst ausgießen muß. Eine solche Reinigung ist aber nur dann erforderlich, wenn eine Reparatur der Retorte oder ein Wechsel ihres Inhaltes nötig wird. Wir haben solche Retorten monatelang in Benutzung gehabt.

*) Die ganze Apparatur, ebenso auch die Fluorapparate, liefert Maschinenmeister Paul Geselle, Breslau, Borsigstr. 23.

Die Säure ist nun vollkommen rein, farblos, sehr dünn, leicht beweglich (noch leichter als Äther) und raucht stark an der Luft. Einen Rückstand (Alkalifluorid) darf die Säure beim Verdampfen nicht hinterlassen; sie eignet sich anderenfalls nicht zur Darstellung der im folgenden Teil dieses Abschnitts besprochenen Fluoride; denn alkalifluoridhaltige Säure bildet mit solchen Fluoriden komplexe Salze.

Eigenschaften:

Dichte: 0,9879 [77].

Siedepunkt: 19,4° [77].

Erstarrungspunkt: —102,5° [171].

Der Dampf ist farblos, durchsichtig, sehr ätzend und giftig.

Die flüssige Säure ist ein gutes Lösungsmittel für KF, NaF, KCl, NaBr, $NaNO_3$, $NaClO_3$, K_2SO_4 [63]), Paraffin und viele andere organische Stoffe.

B. Darstellung einiger Fluoride.

Die meisten Chloride, Bromide und Jodide lassen sich mit reinem Fluorwasserstoff nach der Gleichung $n\,HF + MCl_n \rightleftarrows MF_n + n\,HCl$ zu den ihnen entsprechenden Fluoriden umsetzen. Man macht von dieser Reaktion mit großem Vorteil besonders bei der Darstellung derjenigen sehr leicht hydrolysierbaren Fluoride Gebrauch, deren Siedetemperatur wesentlich höher liegt als diejenige des Fluorwasserstoffs (19,4° C). Es sind dies vor allem die folgenden einfachen Fluoride: TiF_4, ZrF_4, VF_4, VOF_3, VF_3, NbF_5, TaF_5, SnF_4, SbF_5. Liegt die Siedetemperatur der gebildeten Fluoride ähnlich hoch oder niedriger als diejenige des Fluorwasserstoffs, so wird man zu dieser Umsetzung nur in Ermangelung besserer Verfahren greifen [228]).

Die Leichtigkeit, mit der sich die einzelnen Halogenverbindungen in die Fluoride überführen lassen, ist ziemlich verschieden. Das Titantetrachlorid, Zirkontetrachlorid, Niobpentachlorid, Tantalpentachlorid und Vanadintetrachlorid z. B. reagieren mit dem Fluorwasserstoff außerordentlich lebhaft, das Zinntetrachlorid und Antimonpentachlorid wesentlich langsamer. Die Versuchsanordnung muß sich dem anpassen. Um die beiden Grenzfälle zur Geltung zu bringen, sollen die Darstellung des Titantetrafluorids und diejenige des Antimonpentafluorids ausführlicher geschildert werden.

a) Titantetrafluorid (TiF_4 = 124,2).

Darstellung[243]): Die Umsetzung des Titantetrachlorids mit dem reinen Fluorwasserstoff kann sowohl in Platin- wie in Kupfergefäßen geschehen. Unsere Abbildung Fig. 13 zeigt z. B. die Retorte *A* mit ihrem Helm *B* aus Platin oder Kupfer. Den Ausgang des Helmes *B* verschließt man durch ein aufgeschliffenes Trockenrohr aus Kupfer, welches mit Chlorkalzium gefüllt ist. In Fig. 14 sieht man noch ein Kupferzylinderchen mit eingeschliffenem (evtl. auch aufgeschraubtem) Kupferstöpsel *E*, deren wenigstens drei zum Auffangen des fertigen Fluorids nötig sind. Die Retorte *A* und der zuvor gewogene

Vorratsbehälter für reinen Fluorwasserstoff (siehe oben Fig. 12) werden beide in einer Eis-Kochsalzmischung gekühlt. Dann öffnet man den Vorratsbehälter und gießt durch dessen Ausflußrohr schätzungsweise ebensoviel Fluorwasserstoff in die geöffnete Retorte, als man Titantetrachlorid zur Verarbeitung in Aussicht genommen hat. Die Retorte und der Vorratsbehälter werden wieder geschlossen und der Vorratsbehälter zurückgewogen. Man berechnet sich die dazu theoretisch nötige Menge Titantetrachlorid und wägt die Hälfte davon in einem Reagenzglas ab; diese wird tropfenweise, aber ohne weitere Vorrichtungen direkt in die Retorte eingegossen. Es tritt bei jedem Tropfen eine heftige Reaktion ein, und es entweichen Ströme von Salzsäure. Zur Vervollständigung der Reaktion wird die Retorte wieder mit ihrem Helm und Trockenrohr geschlossen und einige Stunden, bis das Eis geschmolzen ist, sich selbst überlassen. Alsdann wird die Retorte in ein Ölbad gebracht, das Trockenrohr durch ein längeres Kupfer- oder Bleirohr mit übergezogenem Kühlermantel ersetzt und unter das Ende des Kühlers zur Aufnahme des abdestillierenden Fluorwasserstoffs eine Bleischale gestellt (da das Gas stark salzsäurehaltig ist, lohnt es sich nicht, es in das Vorratsgefäß zurückzubringen). Nun erhitzt man das Ölbad allmählich bis auf 200°, nimmt dann die Retorte heraus, entfernt den Kühler und treibt nun das Fluorid mit freier Flamme aus der Retorte in eine der Kupfervorlagen (Fig. 14). Die Vorlagen legt man in eine kleine Bleischlange, die ihnen Halt gibt und sie kühlt, und schiebt sie einfach über den Retortenhals, sobald das Fluorid daselbst erscheint. Die Destillation macht keine Schwierigkeiten, sofern man nur darauf achtet, daß der Helm genügend heiß bleibt, damit er sich nicht verstopfen kann; eine Platinretorte könnte sonst in wenigen Augenblicken aufgetrieben werden.

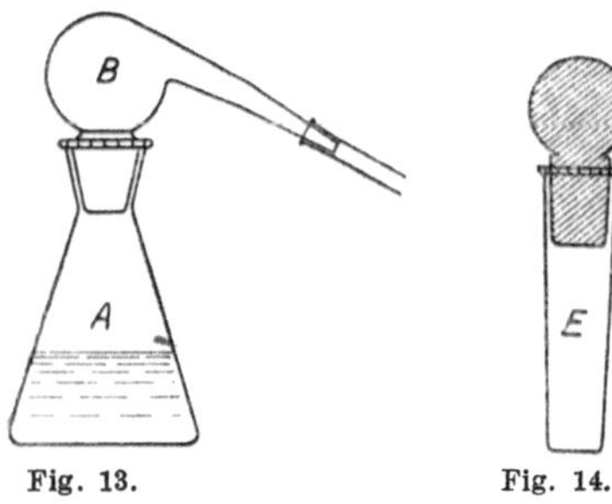

Fig. 13. Fig. 14.

Das Fluorid verdichtet sich in den Vorlagen teils als lockeres weißes Sublimat, teils als kristallin erstarrte, durchscheinende, weiße Masse.

Ausbeute etwa 90% der Theorie.

An Stelle des reinen Fluorwasserstoffs läßt sich auch der im Teil 1 beschriebene rohe Fluorwasserstoff mit etwa 95% HF verwenden. Die Ausbeute geht dann auf etwa 80% zurück.

Eigenschaften: Schmelzpunkt: über 400°[236]).

Siedepunkt: 284°[243]).

Spezifisches Gewicht 11°: 2,833[243]).

Wie man sieht, ist das Titantetrafluorid ein ziemlich leicht zugänglicher Stoff. Es eignet sich deshalb selbst wieder zur Darstellung anderer Fluoride und hat vor allem zur Darstellung von Siliziumfluoroform $SiHF_3$ = 86,4 (Kp_{760} — 80°) aus Siliziumchloroform[220]) Verwendung gefunden, für welche sich die leicht reduzierbaren Fluoride des Arsens und Antimons nicht eigneten.

b) Zirkontetrafluorid (ZrF_4 = 166,8).

Darstellung: Die Darstellung des Zirkontetrafluorids[305]) aus Zirkontetrachlorid unterscheidet sich von derjenigen des Titantetrafluorids dadurch, daß das nach dem Abdestillieren des Fluorwasserstoffs in der Retorte verbleibende Fluorid nicht erst noch durch Destillation gereinigt zu werden braucht. Es würde auch erst bei heller Rotglut sublimieren. Die Temperatur der Platinretorte wird zum Schluß bis zur beginnenden Rotglut gesteigert. Das Fluorid ist dann rein.

Eigenschaften[305]): Farblose, durchscheinende Kristalle; bei heller Rotglut sublimierend.

Spezifisches Gewicht 16°: 4,433.

Molekulargewicht aus der Dampfdichte: 166,1.

In 100 ccm Wasser lösen sich 1,388 g ZrF_4.

c) Niobpentafluorid NbF_5 = 188,7[251]); Tantalpentafluorid[251]) TaF_5 = 276,2 und Vanadintetrafluorid[238]) VF_4 = 127,4.

Darstellung: Bei der Darstellung dieser Fluoride tut man gut, ebenso wie bei der Darstellung des Zinntetrafluorids[243]) und Antimonpentafluorids[204]), die ersten Reaktionsprodukte mit dem überschüssigen Fluorwasserstoff am Rückflußkühler so lange zu kochen, bis sich in den abgehenden Dämpfen keine Salzsäurereaktion mehr nachweisen läßt (Apparat hierfür: siehe unten bei SbF_5).

Bei den erstgenannten drei Fluoriden ist dies schon nach $^1/_2$—2 Stunden der Fall, bei den beiden anderen dauert dies sehr viel länger. Wenn der Chlorwasserstoff entfernt ist, können das Niob- und Tantalpentafluorid genau so wie das Titantetrafluorid gewonnen werden.

Das Vanadintetrafluorid muß von den letzten Resten Flußsäure bei etwa 50° in einem Stickstoffstrom befreit werden.

Eigenschaften des Niobpentafluorids[256]): Farblose, stark lichtbrechende Kristalle.

Schmelzpunkt: 72—73°.

Siedepunkt: 236°.

Eigenschaften des Tantalpentafluorids[251]): Farblose, stark lichtbrechende Kristalle.

Dichte 15°: 4,981.

Schmelzpunkt: 96,8°.

Siedepunkt: 229,2—229,5°.

Eigenschaften des Vanadintetrafluorids[238]): Braungelbes, lockeres Pulver, sehr hygroskopisch.

Läßt sich nicht unzersetzt schmelzen oder verdampfen (siehe unten).

Spezifisches Gewicht 23°: 2,9749.

d) Vanadinpentafluorid ($VF_5 = 146,1$)[238].

Darstellung: Erhitzt man das Vanadintetrafluorid auf höhere Temperatur (über 300°) in einem Stickstoffstrom, so zerfällt es in Vanadintrifluorid und Vanadinpentafluorid[238]). Da jede Verunreinigung des Vanadintetrafluorids mit Sauerstoff zur Bildung von Vanadinoxytrifluorid Veranlassung gibt, so ist bei der Darstellung des Tetrafluorids besonders sorgfältig jede Spur Feuchtigkeit fernzuhalten.

Eigenschaften: Fest, weiß, in Wasser, Alkohol, Chloroform leicht löslich, in Schwefelkohlenstoff unlöslich.

Spezifisches Gewicht 19°: 2,1766.

Siedepunkt 758 mm: 111,2°.

e) Zinntetrafluorid[243]) ($SnF_4 = 195,2$).

Darstellung aus Zinntetrachlorid und Fluorwasserstoff in einer Platinretorte mit Helm (man verwendet an Fluorwasserstoff die doppelte Menge der Theorie). Es entsteht als Endprodukt eine Verbindung von Zinntetrachlorid und Zinntetrafluorid $SnCl_4 \cdot SnF_4$, welche zwischen 130—220° gespalten wird, indem Zinntetrachlorid abdestilliert. Das zurückbleibende Zinntetrafluorid ($Kp_{760} = 705°$) sublimiert man schließlich in den Helm der Retorte, in welcher es dargestellt worden ist, indem man auf den Helm ein Stückchen Asbestpappe legt und dieses mit Wasser befeuchtet.

Eigenschaften: Schneeweiße, strahlig kristallinische Masse.

Dichte 19°: 4,780.

Siedepunkt: 705°.

Äußerst hygroskopisch.

f) Antimonpentafluorid ($SbF_5 = 215,4$).

Darstellung: In die große Platinretorte*) *A*[243]) [204]), welche sich in einer Eis-Kochsalzmischung befindet (Fig. 15), gießt man (siehe oben bei TiF_4) etwa 200 ccm reinen Fluorwasserstoff**) und gibt dann in langsamerem Strahl etwa $^1/_4$ der theoretischen Menge, d. h. etwa 150 g, gut gekühltes Antimonpentachlorid zu.

Nach der ersten starken Salzsäureentwicklung setzt man den Aufsatz *B* auf und kann nun ruhig 10 Minuten lang die Salzsäure frei entweichen lassen, wobei natürlich die Retorte in ihrer Kältemischung stehenbleiben muß. Inzwischen befestigt man das bei der Flußsäuredestillation benutzte Kühlrohr *C* mit aufsitzendem Helm *D* vermittels eines Gummistopfens in einem aus zwei ineinander geschachtelten Blechbüchsen (z. B. van Houtens Kakaobüchsen) hergestellten Rückflußkühler***) und verschließt dann dessen oberes freies Ende mit einer

*) Kupfergefäße lassen sich nicht verwenden, da das Antimonpentafluorid in Gegenwart von Fluorwasserstoffsäure durch Kupfer zu Trifluorid reduziert wird.

**) Der große Überschuß an Fluorwasserstoff ist nötig, weil das Antimonpentafluorid etwa 5 Mol. FH zur Bildung eines Fluorhydrats verbraucht, welches erst bei höherer Temperatur wieder in seine Bestandteile zerfällt.

***) Deren Zwischenraum wurde mit Sägespänen ausgefüllt und nach oben hin mit Gips abgedichtet.

Kupferkapsel, die eine feine Öffnung zum Entweichen der Salzsäure besitzt. Kupferkapsel, Helm und ebenso der Aufsatz werden mit Schwefel aneinander gedichtet.

Nachdem man den Rückflußkühler mit einer guten Kältemischung gefüllt hat, verschließt man ihn oben mit einer Holzplatte, um ein rasches Schmelzen des Eises zu verhindern. Hierauf stellt man ihn auf einen Dreifuß, schließt unten rasch die Retorte A mit Aufsatz B an, bringt alles zusammen in einen Topf mit Wasser von 0° und dichtet B an C mit Schwefel. Man setzt den Versuch am besten abends in Gang, überläßt den Apparat bis zum anderen Morgen sich selbst und geht dann, indem man die Kältemischung öfters erneuert, langsam mit der Temperatur des Bades höher — derart, daß dauernd ein ziemlich lebhafter Gasstrom aus der Kapselöffnung am Kühlrohrverschluß entweicht. Auf das stetige Ansteigen der Temperatur ist besonders zu achten, da bei einer zu raschen Erwärmung, wenn auch nur um $^1/_2$—1°, ein großer Teil der Flußsäure plötzlich innerhalb weniger Minuten wegkochen kann und der Verlust durch abermalige Zugabe von Flußsäure ersetzt werden muß, was, abgesehen von dem Zeitverlust und den apparativen Schwierigkeiten, durch das oft nicht zu vermeidende Einatmen der ätzenden Dämpfe äußerst belästigend und gefährlich ist. Hat man etwa 40—50° erreicht, so hört die Salzsäureentwicklung auf, und man kann die Temperatur nun etwas rascher steigern. Bei etwa 75—80° beginnt aber eine lebhafte Flußsäureentwicklung; alsdann ist die Temperatur längere Zeit konstant zu halten, da bei der geringsten Steigerung derselben dichte Dampfwolken entweichen, die neben Flußsäure auch Antimonpentafluorid enthalten. Sobald die Flußsäureentwicklung nachläßt, erhöht man die Temperatur abermals langsam, so daß man gegen Abend auf 100° kommt, ersetzt nun das Wasserbad durch ein Ölbad, die Kältemischung durch Wasser von gewöhnlicher Temperatur und erwärmt weiter bis auf 150°, was innerhalb einer halben Stunde geschehen kann. Die Flußsäureentwicklung läßt allmählich nach und hört bei 150° auf. Man füllt nun den leicht gelbgefärbten Inhalt der Retorte in einen Platinfraktionierkolben, destilliert die bei 149—150° siedende Flüssigkeit aus einem Ölbade bei etwa 170—220° Außentemperatur ab und fängt das wasserhelle Antimonpentafluorid in Platinfläschchen auf.

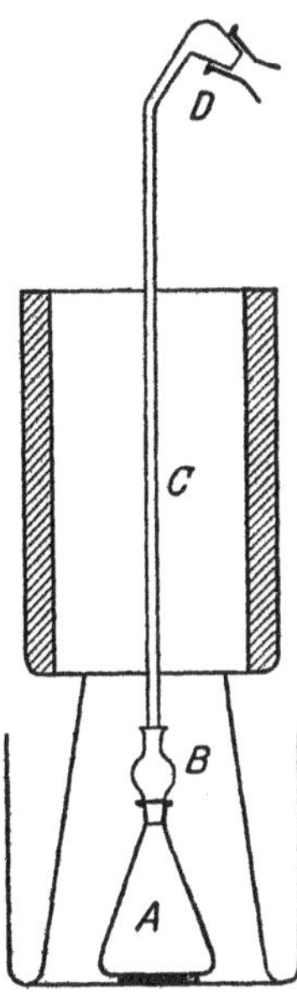

Fig. 15.

Das Antimonpentafluorid läßt sich natürlich auch aus der Retorte selbst destillieren. Zu diesem Zweck nimmt man Aufsatz und Kühlrohr mit aufsitzendem Helm aus dem Rückflußkühler heraus, ersetzt den Aufsatz durch den Helm, umgibt das Rohr mit einem Kühlmantel und destilliert aus dem Ölbad, wie oben.

Die Platinfläschchen sind gut verschlossen aufzubewahren, da das Antimonpentafluorid sehr leicht Feuchtigkeit anzieht. Man stülpt am besten einen abgesprengten paraffinierten Reagenzglasboden über den Stopfen. Den Stopfen selbst mit Paraffin zu dichten ist nicht ratsam, da Paraffin angegriffen und gelöst wird. So verschlossen läßt sich das Antimonpentafluorid unbegrenzt lange aufbewahren.

Die Ausbeute erreicht nur bei sehr gutem Arbeiten etwa 90% der Theorie.

Eigenschaften [209]) [204]) [243]): Siedepunkt 760 mm: 149–150°.

Erstarrungspunkt: + 7°.

Spezifisches Gewicht 22,7°: 2,993.

Farblose, dicke Flüssigkeit, äußerst reaktionsfähig, ätzt die Haut, löst viele organische Stoffe, z. B. Paraffin, greift trockenes Glas, Kupfer und Blei aber nur wenig an.

Das Antimonpentafluorid ist der beste Ausgangsstoff für die Darstellung des Arsenpentafluorids.

α) **Arsenpentafluorid** ($AsF_5 = 170{,}2$).

Darstellung [230]): Ihr liegt die empirische Gleichung zugrunde:

$$2\,SbF_5 + AsF_3 + Br_2 = 2\,SbF_4Br + AsF_5\,.$$

Sie geschieht in der beistehend gezeichneten, aufs peinlichste getrockneten Apparatur (siehe Allgemeines bei Glas). Hinter *f* folgt noch ein Trockenrohr mit gutem Chlorkalzium.

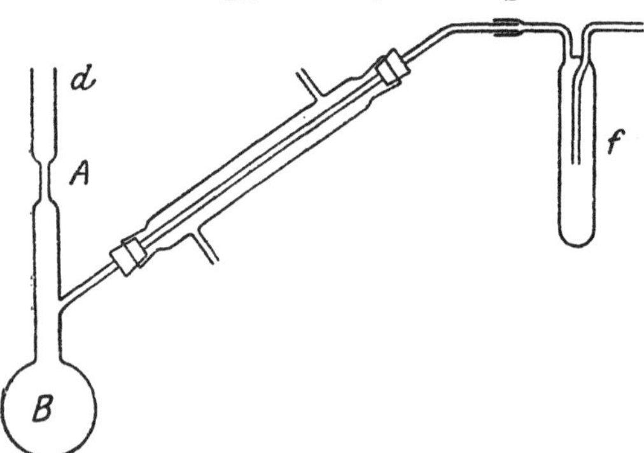

Fig. 16.

In den etwa 50 ccm fassenden Fraktionskolben kommen $^2/_{10}$ g Mol. Antimonpentafluorid und $^1/_{10}$ g Mol. gekühltes Arsentrifluorid. Die Fluoride werden in trockenen Reagenzgläsern unter dem Abzug abgewogen und rasch hintereinander durch ein zu einem Trichterchen mit langem Hals ausgezogenen Reagenzglas (damit die Einschnürung bei *A* nicht beschmutzt wird) bei *d* in das Kölbchen *A* eingegossen. *d* wird durch ein Chlorkalziumtrockenrohr in trockenem Gummistopfen verschlossen und *B* mit dem Fluoridgemisch auf ungefähr – 20° abgekühlt. Ist dies erreicht, so gießt man durch ein zweites Trichterchen noch $^2/_{10}$ g Mol. Brom nach, setzt das Chlorkalziumrohr wieder auf und schmilzt nun *d* bei der Einschnürung *A* mit dem Handgebläse ab. Während die Vorlage nun durch flüssige Luft gekühlt wird, läßt man die Retorte allmählich Zimmertemperatur annehmen und erhitzt sie schließlich noch für etwa $^1/_2$ Stunde im Wasserbade auf 55°. Nach dieser Zeit befindet sich in der Vorlage ziemlich die theoretische Menge des nach obiger Gleichung zu erwartenden Arsenpentafluorids, daneben aber auch 1—3 g Brom. Um es von letzterem zu trennen, muß es fraktioniert werden. Zu dem Zweck trennt man die Vorlage von dem Apparat und verbindet sie mit einer zweiten ähnlichen Vorlage, welche ebenfalls zuvor völlig getrocknet wurde, durch Andichten mit Schwefel. Nun wird die erste Vorlage aus der flüssigen Luft herausgenommen und die zweite in der flüssigen Luft gekühlt. Die Destillation des Arsenpentafluorids in die neue Vorlage beginnt alsbald und ist beendet, wenn die erste Zimmertemperatur angenommen hat, während das Brom in der alten Vorlage fast vollständig zurückbleibt. Um dessen letzte Reste zu entfernen, muß das Gas nochmals destilliert werden, diesmal jedoch so, daß die erste Vorlage nur bis auf etwa — 40° erwärmt wird.

Eigenschaften: Das Arsenpentafluorid ist ein farbloses Gas, welches sich bei — 53° zu einer klaren, schwach gelblich gefärbten Flüssigkeit verdichtet und bei — 80° zu einer fast weißen Masse erstarrt.

β) **Wolframhexafluorid** (WF_6 = 298,2).

Darstellung[226]: In einem, dem in Fig. 16 gezeichneten, ganz ähnlichen Apparat aus Antimonpentafluorid und Wolframhexachlorid.

Eigenschaften[226]: Farbloses Gas, etwa zehnmal so schwer wie Luft, verdichtet sich bei 19,5° zu einer schwach gelblichen Flüssigkeit, die bei $2^1/_2$° zu einer weißen Masse erstarrt.

Gasdichte (O_2 = 32): 303 bei 18,5°.

4. Das Fluor und die damit darzustellenden Fluoride.

A. Das Fluor.

Die Darstellung von Fluor ist nur durch elektrolytische Zersetzung einer alkalifluoridhaltigen, wasserfreien Flußsäure (s. u. b) oder eines Alkalibifluorids (s. u. e) möglich. Die Versuche, ein Fluorid zu finden, welches ohne Zuhilfenahme von Fluor, nur von der Flußsäure aus dargestellt und dann durch Erhitzen unter Abspaltung von Fluor zersetzt werden kann, haben bis jetzt zu einem nennenswerten Erfolg nicht geführt. Es konnte zwar festgestellt werden, daß sich verschiedene Fluoride durch stärkeres Erhitzen in gasförmiges Fluor und einen weniger flüchtigen Rückstand zerlegen lassen. Die betreffenden Fluoride sind aber entweder nur mit Hilfe eben des Fluors zu erhalten, welches aus ihnen gewonnen werden soll (z. B. PtF_4, OsF_8), oder sie zerfallen erst bei so hoher Temperatur, daß wir über keine Gefäßmaterialien verfügen, welche dem entstehenden Fluor in ausreichendem Maße widerstehen (z. B. VF_5, WF_6, UF_6).

a) Versuche einer Darstellung von Fluor aus dem Bleisalz $PbF_4 \cdot 3\,KF$.

Zu den letztgenannten Fluoriden gehört nach unseren Erfahrungen auch das von Brauner[14]) zur Darstellung von Fluor empfohlene Bleisalz*) $PbF_4 \cdot 3\,KF \cdot HF$; dasselbe kann durch Trocknen bei 230—250° in einem einseitig geschlossenen Platinrohr von seinem Flußsäuregehalt fast vollständig befreit werden. Bei stärkerem Erhitzen des Salzes hat Brauner, bevor das Röhrchen rotglühend wurde, die Entwicklung eines Gases beobachtet, welches den charakteristischen Geruch des Fluors zeigte, aus Jodkaliumstärkepapier Jod in reichlichen Kristallen freimachte und Silizium unter Zischen zum Entflammen brachte. Diese Beobachtungen haben Brauner zu der Bemerkung veranlaßt, daß hier der erste verläßliche Weg vorliege, um Fluor darzustellen; wir können ihm aber nicht beistimmen[15]) [219]). Bei stärkerem Erhitzen des Salzes entwich bei unseren Versuchen immer noch etwas Flußsäure. Der Geruch nach Fluor war nur schwach, der nach Flußsäure stark. Die Bläuung des Stärkepapiers und Ausscheidung von Jod aus diesem konnte zum Teil durch die vereinte Wirkung der wasserfreien Flußsäure und des von außen in das Röhrchen eintretenden Luftsauerstoffs veranlaßt worden sein. Eine Entzündung des Siliziums durch das entweichende Gas war nicht zu erreichen; das Silizium entzündete sich aber dann, wenn es mit dem geschmolzenen Salz in Berührung kam oder wenn das Salz so stark erhitzt wurde, daß Bleidifluoriddämpfe vorn am Rohr auftraten. In der Schmelze fand sich nach dem Versuch in allen Fällen so viel Platin in Form von Platintetrafluorid, daß es keinem Zweifel unterliegen konnte, daß das beim Zerfall des Bleisalzes freigewordene Fluor zur Lösung von Platin in der Alkalischmelze verbraucht worden war. Das entstandene komplexe Platinalkalifluorid konnte auch durch Erhitzen im Gebläse nicht zum Zerfall gebracht werden.

In der Hoffnung, die Fluorentwicklung dadurch erleichtern zu können, daß wir freies Bleitetrafluorid erzeugten, erhitzten wir das Bleisalz in einer Atmosphäre von Siliziumtetrafluorid oder in Mischung mit Antimonpentafluorid. Entsprechend den Gleichungen:

$$2\,(PbF_4 \cdot 3\,KF) + 3\,SiF_4 = PbF_4 + 3\,K_2SiF_6$$

$$PbF_4 \cdot 3\,KF + SbF_5 = PbF_4 + SbF_5 \cdot 3\,KF$$

sollte das Alkalifluorid vom PbF_4 losgelöst werden.

In beiden Fällen war der Erfolg zwar ein besserer als beim Erhitzen des Salzes für sich allein; ein Geruch nach Fluor war wenigstens unverkennbar festzustellen; die Ausbeute an Fluor aber blieb nach Konzentration und Menge trotzdem unbefriedigend. Die Darstellung von reinem Bleitetrafluorid, dessen Besitz nach diesen Versuchen wohl sicheren Erfolg verbürgen würde, ist bis jetzt nicht möglich gewesen.

---

*) Dessen Darstellung s. o. II, 2. f. S. 40.

Wenn man in der von Brauner eingeschlagenen Richtung ein Ergebnis erzielen will, wird nichts übrigbleiben, als das Bleisalz $PbF_4 \cdot 3\,KF$ in fluorfesten Gefäßen zu erhitzen, d. h. zunächst solche Gefäße aus möglichst fluorfesten Fluoriden künstlich herzustellen. Eine geeignete Masse hierfür ist möglicherweise die schon oben erwähnte (S. 10) aus 3 Teilen Lithiumfluorid und 7 Teilen Kryolith. Natürlicher Flußspat und Kryolith eignen sich zur Herstellung solcher Gefäße nicht; sie springen zu leicht beim Erhitzen.

b) Darstellung von Fluor auf elektrolytischem Wege aus wasserfreier Flußsäure.

Der beste Apparat zur Darstellung von Fluor aus wasserfreier Flußsäure im Laboratorium ist derjenige von Moissan. Alle anderen in der Literatur erwähnten Apparate, auch diejenigen, welche zum Gebrauch in der Technik bestimmt sein sollen, sind weniger haltbar und ergeben schlechtere Ausbeuten. Da sich Moissans Apparat aber für die Darstellung größerer Mengen Fluor nicht eignet und die Konstruktion der anderen Apparate, welche wir bezüglich ihrer Verwertbarkeit sämtlich nachgeprüft haben, manche neue Gesichtspunkte gebracht hat, die für die Zukunft von Bedeutung werden könnten, so sollen auch diese Apparate im Anschluß an den Moissanschen Apparat kurz besprochen werden.

Der Apparat von Moissan*).

α) Bau des Apparates (Fig. 17): Das weite U-Rohr *A* ist aus 2,5 mm starkem Kupfer gebogen; dessen Enden sind zusammen mit der Brücke *b* in die oben aus einem massiven Kupferblock gearbeiteten Köpfe derart eingesetzt, daß der Schluß auch schon ohne Lötung dicht ist; sie sind außerdem noch mit Hartlot verlötet. In die Köpfe sind seitwärts Kupferrohre *c* und *d* eingeschraubt, deren Enden in Koni auslaufen, hinter denen Überfallmuttern befestigt sind, so daß sie durch passend geschliffene Stöpsel leicht und dicht verschlossen werden können. In die Köpfe passen große Schrauben *e* und *f*, in welchen, durch einen Flußspatstöpsel isoliert, die kupfernen Elektrodenstiele *g* und *h* befestigt sind. Die Dichtung zwischen Flußspat und Schrauben wird durch Kupferamalgam erreicht; desgleichen diejenige zwischen Flußspat und Elektrodenstiel. An den Elektrodenstielen hängt auf der positiven Seite ein etwa 80 g wiegender, nach oben hin nur kurz verjüngter Platinzylinder *g*, dessen Maße die Skizze Fig. 18 zeigt; auf der negativen ein dicht zusammengerolltes Platinblech *h* von 120 mm Länge und 30 mm Breite, an welches oben ein kurzer Platindraht von 2 mm Stärke angeschweißt ist. Der Verschleiß der Elektrode auf der positiven Seite ist ein sehr großer; man braucht für jede Amperestunde

*) Bei der Abfassung der folgenden Ausführungen haben wir, ohne in den Einzelfällen besonders darauf hinzuweisen, unsere eigenen Erfahrungen überall da zur Geltung gebracht, wo uns diejenigen von Moissan (s. Le Fluor et ses Composés) nicht ausreichend erschienen.

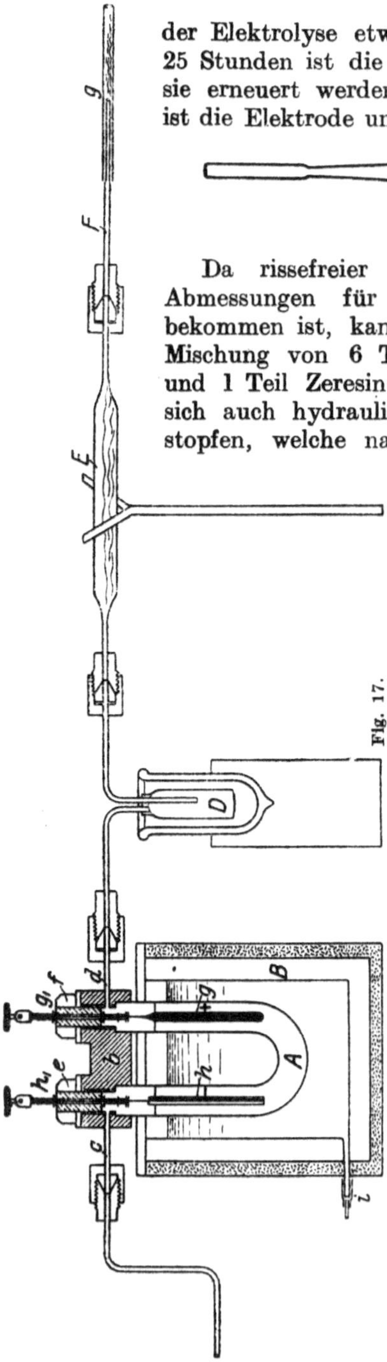

der Elektrolyse etwa ein Gramm Platin. Nach etwa 25 Stunden ist die Elektrode so dünn geworden, daß sie erneuert werden muß*). Auf der negativen Seite ist die Elektrode unbegrenzt haltbar.

Fig. 18.

Da rissefreier Flußspat von den erforderlichen Abmessungen für die Stopfen immer schwerer zu bekommen ist, kann man als Ersatz solche aus einer Mischung von 6 Teilen feinstgepulverten Flußspates und 1 Teil Zeresin benutzen. Noch besser bewähren sich auch hydraulisch aus Pulver gepreßte Flußspatstopfen, welche nachträglich im besten Vakuum mit geschmolzenem Zeresin getränkt werden. Der Ersatz ist aber in beiden Fällen insofern ein nur unvollkommener, als das Zeresin sich in der wasserfreien Säure etwas löst und der Apparat deshalb niemals so weit geneigt werden darf, daß die Säure den Stopfen bespült; auch werden die Stopfen im Verlaufe einiger Monate rissig und für den Strom leitend.

Fig. 17.

Die Elektroden müssen sehr sorgfältig in die Stopfen eingesetzt werden, damit deren Abstand von den Wandungen der Rohrschenkel überall gleichgroß ist; damit sie sich auch beim Aufbewahren des Apparates nicht etwa an die Wand anlegen, muß der Apparat in vollkommen vertikaler Lage aufbewahrt werden.

Ein gutgebauter Apparat kann monatelang gefüllt gehalten werden, ehe eine Reparatur seiner Kupferteile notwendig wird. Entleert werden muß er nur dann, wenn er durch Platin zu sehr

*) Über die Möglichkeit eines Ersatzes des Platins durch andere Stoffe s. u. δ.

verschlammt ist. Mit der Zeit werden auch die Flußspatstopfen unbrauchbar, da sich während des Betriebs unter der Wirkung der Luftfeuchtigkeit in den Rissen des Flußspats von außen her eine saure Lösung bildet, die sich an der Stromleitung beteiligt und zu einem Kupfertransport Veranlassung gibt, der mit der Zeit zu Kurzschlüssen innerhalb des Stopfens führt.

β) **Füllung des Apparates.** Ehe man den Apparat reinigt und trocknet, bestimmt man durch Auswiegen mit Wasser dessen Inhalt, wenn er bis 3 cm unter den seitlichen Auslässen gefüllt ist. Man bestimmt ferner die Neigung seitwärts, bei welcher der Apparat mit solcher Füllung eben überläuft, und notiert beides. Nun wird der Apparat gereinigt und getrocknet. Die Verschraubungen mit den Zeresinflußspatstopfen und den Elektroden werden erst an der Luft getrocknet und dann in große, unten mit Chlorkalzium beschickte Zylinder eingehängt; der Apparat selbst wird durch Gummistopfen verschlossen und mit dem Brenner erhitzt, während gleichzeitig ein gutgetrockneter Wasserstoffstrom hindurchgeführt wird. Der Apparat wird zusammengestellt und mit seinen Verschlüssen gewogen; das Gewicht wird notiert. Nun kühlt man den Vorratsbehälter mit der wasserfreien Flußsäure in einer Eis-Kochsalzmischung, spannt den Fluorapparat unter dem Abzug mit der oben ermittelten Neigung in ein Stativ, schraubt, wenn dies geschehen ist, den höherliegenden Schraubenkopf und den tieferliegenden Verschluß am Abzugsrohr ab und schüttet in den Apparat rasch ein Drittel derjenigen Menge ganz trockenen Kaliumbifluorids ein, welche man vorher als Wasserfüllung des Fluorapparates ermittelt hat. Unter das tieferliegende Ende des Abzugsrohres stellt man nun zur Aufnahme der bei der Füllung überlaufenden Flußsäure eine Bleischale, öffnet dann die Verschraubungen des Vorratsbehälters und gießt aus dessen Abflußrohr die Säure in den höherliegenden Schenkel des Fluorapparates. Es muß dies vorsichtig, aber ohne Furchtsamkeit ausgeführt werden, da die Säure so außerordentlich leicht flüssig ist, daß man deren Menge leicht unterschätzt. Sobald der erste Tropfen Säure am tieferliegenden Ende des Fluorapparates erscheint, ist die Füllung beendet, und die Köpfe mit den Elektroden werden wieder aufgeschraubt.

Die während des Einfüllens der eiskalten Säure in den nicht besonders gekühlten Fluorapparat auftretenden Flußsäuredämpfe halten während der Arbeit die Luftfeuchtigkeit fern.

Der fertigbeschickte Fluorapparat wird wieder gewogen und das Gewicht notiert; denn dies Gewicht allein gibt weiterhin einen Anhalt für den Grad der Füllung des Apparates.

γ) **Elektrolyse.** Die Aufstellung des Apparates ergibt sich ohne weiteres aus Fig. 17. Der Apparat *A* sitzt in der Kältemischung des Kühlgefäßes *B*; an ihn schließt sich auf der Kathodenseite das Gasableitungsrohr *c* für Wasserstoff, auf der Anodenseite die Vorlage *D* an. Die letztere befindet sich in einem geräumigen Dewarzylinder und wird auf etwa — 50° bzw. — 30° bis — 60° in einer Kohlensäure-Alkoholmischung gekühlt; in ihr soll sich die Hauptmasse der mit dem Fluor mitgerissenen Flußsäure verdichten; den mit dem Wasserstoff auf der Kathodenseite entweichenden Fluorwasserstoff (sehr viel mehr!) gibt man verloren. An die Vorlage *D* schließt sich ein Kupferrohr *E* mit wasserfreiem, geglühtem Natriumfluorid an (man überzeuge sich, daß kein Natriumfluorid in den engen Verbindungsstücken unter den Gewinden liegt, da dieses, wenn es sich mit Fluorwasserstoff sättigt, sein Volumen ganz gewaltig vermehrt), an dieses das Kupferrohr *E*, eventuell eine zweite Vorlage wie *D* als Staubfang (nicht eingezeichnet) und daran anschließend dann diejenige Apparatur, z. B. *F—G*, in der das Fluor Verwendung finden soll. Der Staubfang ist immer nötig, wenn die Natriumfluoridteilchen, welche durch die unvermeidlich gelegentlich auftretenden Explosionen vorwärts geschleudert werden, zurückgehalten werden müssen.

F ist ein Kupferröhrchen, dazu bestimmt, das Fluor zu der in dem Glasröhrchen *G* befindlichen Substanz zu leiten.

Ist der Apparat in solcher Weise aufgebaut, verbindet man die Elektroden unter Zwischenschaltung eines Schalters, eines ausreichenden Widerstandes und eines Amperemeters für 1—10 Amp. mit der elektrischen Stromleitung. Der Sicherheit wegen tut man gut, die Pole der Leitung mit Lackmuspapier vorher nochmals zu prüfen. Die Spannung der Leitung sollte wenigstens 65 Volt sein; zur Überwindung des Widerstandes im Apparat würden etwa 50 Volt genügen*), aber man ist bei etwas größerer Primärspannung unabhängiger von den dauernden Spannungsänderungen im Apparate selbst.

Die größte Stärke des elektrischen Stromes, welcher nunmehr eingeschaltet werden soll, wird durch die Größe der Anodenfläche und die Intensität der Kühlung des Apparates bestimmt.

In dem gezeichneten Apparat kann man bei guter Kühlung mit fester Kohlensäure in Alkohol über 6—7 Amp. nicht hinausgehen, wenn man zeitweise Unterbrechungen der Elektrolyse vermeiden will. Diese Unterbrechungen werden durch eine Überhitzung der Anode veranlaßt, welche zur Folge hat, daß sich eine Fluorwasserstoffdampfschicht um die Elektrode bildet. Solches tritt bei schlechter Kühlung sehr leicht ein und auch dann, wenn man zu wenig Kaliumbifluorid in den Apparat gefüllt hat; denn das letztere setzt den Dampfdruck der Flußsäure im Apparat so stark herab, daß man diesen, wenn nur genügend Bifluorid zugesetzt worden ist, auch in Sommerszeit nicht mehr zu fürchten braucht und den Apparat sogar ohne besondere Kühlung im Laboratorium aufbewahren kann.

Begnügt man sich mit etwa 4 Amp. Stromstärke, so kann man den Fluorapparat auch in einer einfachen Eis-Kochsalzmischung (— 15°) kühlen. Nur darf man dann nicht versäumen, das Salz im Apparat durch Rühren in der Säure mit einem starken Platindraht erst voll-

*) Bei größeren Elektrodenflächen sind wir vorübergehend bis auf etwas unter 40 Volt heruntergekommen; bei noch geringeren Spannungen war stets der Apparat in Unordnung (Wasser in der Säure, Kurzschluß usf.).

ständig zu lösen, ehe man den Apparat schließt und mit der Elektrolyse beginnt.

Es sind ganz gewaltige Mengen elektrischer Energie, welche in dem Apparat in Wärmeenergie umgesetzt werden; denn mindestens $^9/_{10}$ der aufgewandten Spannung von etwa 50 Volt*) dürften zur Überwindung des Elektrolytwiderstandes und der Übergangswiderstände an den Elektroden erforderlich sein und nur $^1/_{10}$ zur Entladung von Fluor- und Wasserstoffionen verbraucht werden; aber selbst von diesem Fluor wird nur der kleinere Teil gewonnen, der größere wird zu Platintetrafluorid und auch wieder Fluorwasserstoff umgesetzt.

Es wird angebracht sein, um dies zu verstehen, hier einige Bemerkungen über die Vorgänge im Apparat einzuschalten und hierbei wieder auf Fig. 17 Bezug zu nehmen.

δ) **Theoretisches****). Da das Rohr *A* aus Platin oder Kupfer gefertigt ist, so ist zu beachten, daß der durch die Anode *g* in die Flußsäurelösung eintretende Strom sowohl durch die Lösung zwischen *A* und *g* und das Rohr *A* als auch durch die Lösung allein zur Kathode geleitet werden kann. Für den ersten Stromteil spielt das Metallrohr die Rolle eines Mittelleiters (Zwischenelektrode); für ihn ist das Rohr auf der der Anode gegenüberliegenden Seite Kathode, auf der der Kathode gegenüberliegenden Seite Anode. Dementsprechend entwickelt dieser Stromteil auf beiden Seiten des Apparates sowohl Wasserstoff als auch Fluor. Der zweite Stromteil entwickelt dagegen anodisch nur Fluor, kathodisch nur Wasserstoff. Das Mengenverhältnis, in welchem die Gase auf jeder Seite nebeneinander abgeschieden werden, hängt also allein von dem Verhältnis der Stärke der beiden Stromteile bzw. demjenigen des Widerstandes der beiden Strombahnen ab; denn der elektrische Strom verteilt sich auf diese Bahnen umgekehrt proportional ihren Widerständen

Tatsächlich beobachtet man die Bildung beider Gase, nebeneinander auf derselben Seite, trotzdem nur ausnahmsweise; es geschieht das aus verschiedenen Gründen.

Der wichtigste Grund hierfür ist der, daß sich sowohl Platin als auch Kupfer anodisch mit einer schlecht leitenden Schicht eines Fluorids bedecken; im ersten Fall ist das Fluorid wahrscheinlich Platintetrafluorid***), im zweiten wahrscheinlich Kupferfluorür. Der Widerstand dieser Fluoridschichten ist so sehr viel größer als derjenige der Flußsäurelösung, daß dadurch der durch das Platin- oder Kupferrohr *A* gehende Stromteil, wenigstens unter normalen Verhältnissen, bedeutungslos wird. Dies wird sofort anders, wenn die Anode schlecht isoliert in das Rohr *A* eingesetzt worden ist oder aus anderen Gründen (z. B. Verschlammung des Apparates mit Platin

*) Bezüglich der erforderlichen Spannung s. weiter unten bei „Ausbeuten“.

**) Die Versuche über die erreichbaren Ausbeuten an Fluor, den Platinverbrauch und die Spannungsverhältnisse, welche den folgenden Ausführungen zugrunde liegen, habe ich gemeinschaftlich mit Herrn Dr. H. J. Braun 1913/14 ausgeführt.

***) Wir schließen dies sowohl aus der Beschaffenheit des Überzuges als auch aus dem Platinverbrauch für eine bestimmte Strommenge (s. unter „Ausbeuten“).

oder Verbiegen der Elektroden) Kurzschluß mit dem Metallrohr bekommen hat. Während zuvor der recht große Widerstand der Fluoriddecken von dem durch das Rohr A gehenden Stromteil zweimal zu überwinden war, einmal an der Anode selbst, das andere Mal an der der Kathode gegenüberliegenden Seite des Rohres A, ist dieser Widerstand jetzt nur noch einmal, und zwar an dem Rohr A selbst, zu überwinden. An dieser Stelle wird dann das Rohr, je nach der Größe des es durchfließenden Stromteils, mehr oder minder schnell, bei vollkommenem Kurzschluß schon in 1—2 Stunden durchfressen, einerlei ob es aus Platin oder Kupfer besteht.

Merkwürdige Verhältnisse treten dann auf, wenn das Rohr A wie gewöhnlich aus Kupfer und die Anode g wie immer aus Platin besteht, und nun die Anode mit dem Kupferrohr kurzgeschlossen wird. Da der Kupferüberzug auf dem Rohr A etwas s c h l e c h t e r als der Platinüberzug auf der Anode g leitet und die Leitfähigkeit der Säure eine recht gute ist, so geht nur der kleinere Stromteil durch das Rohr A, der größere durch die Säure, und man erhält zunächst wie gewöhnlich Fluor; der durch A fließende Stromteil ist aber trotzdem so groß, daß das Rohr schon nach 1—2 Stunden auf der Kathodenseite nahe der Oberfläche der Säurelösung durchlöchert wird. Der Angriff auf das Kupferrohr verdichtet sich dabei immer auf bestimmten Punkten — natürlich dort, wo der Übergangswiderstand am kleinsten ist; wahrscheinlich ist es ein geringer Oxydulgehalt des Kupfers, welcher daselbst die Lösungstension des Kupfers erhöht. Da der durch das Rohr A fließende Stromteil, wie aus den vorstehenden Betrachtungen hervorgeht, niemals gleich Null ist, sondern meist nur einen relativ kleinen Betrag hat, zeigt das Kupferrohr A nach längerem Gebrauch stets löcherige Anfressungen und die Säure nach der Elektrolyse stets einen gewissen Gehalt an Kupfer. Man hat, um die Zerstörung des Rohres auf das Mindestmögliche zu beschränken, daher vor allem auf die Erhaltung einer guten Isolierung zwischen Anode g und Rohr A zu achten.

Eine schlechte Isolierung zwischen der Kathode h und Rohr A (z. B. infolge von Zwischenlagerung von Platinschlamm, schlechter Beschaffenheit der Flußspatisolierung) vermindert die Ausbeute an Fluor; denn bei solcher entwickelt sich im Anodenraum am Rohr A Wasserstoff, unter Umständen in erheblicher Menge. In sehr kleiner Menge scheint hier immer Wasserstoff aufzutreten. Unter normalen Verhältnissen ist dies so wenig, daß dessen Gegenwart nicht leicht nachzuweisen ist. Hier aber kann die Menge des Wasserstoffs so groß werden, daß einfaches Erwärmen des sich entwickelnden „Fluors" hinreicht, um dessen Explosion zu veranlassen. Es geschieht dies besonders leicht bei frischgefüllten Apparaten, solange sich neben dem Fluor, aus dem in der Säure noch vorhandenen Wasser, auch Sauerstoff entwickelt. Meist wird der Wasserstoff durch das Fluor schon im Anodenraum verbrannt; immer dann, wenn die Konzentration des sich entwickelnden Fluors einen bestimmten Mindestbetrag überschritten hat. Es spricht hierfür die besonders starke Erwärmung des Apparates an der an sich schon wärmeren Anodenseite des Apparates, wenn kathodisch Kurzschluß eingetreten ist.

Die große Reaktionsfähigkeit des Wasserstoffs mit dem Fluor ist ein zweiter Grund dafür, daß die Entwicklung von Wasserstoff auf der Anoden- und von Fluor auf der Kathodenseite nur ausnahmsweise beobachtet wird.

Ein dritter Grund hierfür und gleichzeitig ein solcher für die geringe Beteiligung der Rohrwand *A* an der Stromleitung ist der, daß sich an der kalten Wand des Fluorapparates festes $KF \cdot 3\,HF$ aus der Flußsäurelösung abscheidet (dieselbe enthält, wenn man nach der obigen Vorschrift arbeitet, etwa 40% des Salzes). Auch dieser Überzug erhöht den Übergangswiderstand von der Lösung zum Metallrohr und verkleinert damit den diesen Weg benutzenden Stromteil. Der Betrag der Widerstandsvergrößerung durch den Salzbelag $KF \cdot 3\,HF$ dürfte hinter demjenigen, welchen der Fluoridüberzug veranlaßt, jedoch zurückstehen.

Wie die Stromleitung im Apparat, so ist auch die Stromwirkung, als deren wesentlichstes Produkt das Fluor gilt, ein ziemlich verwickelter Vorgang.

Solange die Flußsäurelösung wasserhaltig ist — und dies wird beim neubeschickten Apparat stets der Fall sein —, zersetzt der Strom vor allem das Wasser; an den Ausgängen des Apparates treten ozonhaltiger Sauerstoff einerseits und Wasserstoff andererseits auf*). Der Geruch nach Ozon täuscht leicht denjenigen nach Fluor vor; erscheint das letztere, so erkennt man es an seiner Wirkung auf Silizium oder Leuchtgas (siehe unten).

In dem Maße, als das Wasser aus dem Apparat verschwindet, erscheint in dem austretenden Anodengas mehr und mehr Fluor. Im Vergleich zum Stromaufwand bleibt dessen Menge aber immer nur klein, weil der quantitativ bedeudendste Vorgang im Apparat eben nicht die Entwicklung von Fluor und Wasserstoff, sondern der Umsatz von Platintetrafluorid ist. Auf der Platinanode bildet sich, wie schon oben bemerkt, zunächst ein Überzug von Platintetrafluorid: $Pt + 4_{\oplus} + 4\,F^- = PtF_4$.

Der Überzug ist leicht zu beobachten, wenn man die Anode aus der Säure nimmt. Unter der losen, leicht abzuwischenden Schicht von feinverteiltem Platin sitzt auf dem kompakten Platin selbst eine dünne, gelbe, an der Luft rasch zerfließende Haut; deren Lösung enthält das Platin in vierwertiger Form. Durch diesen Überzug hindurch muß der Strom seinen Weg in die Säure nehmen, und dies dürfte der Grund für die sonst ganz unbegreiflich hohe Spannung am Fluorapparat sein; auch nach der Wärmeentwicklung zu urteilen, wird viel mehr elektrische Energie an der Anodenseite in Wärme verwandelt als an der Kathodenseite. Auf dem Fluoridüberzug erst entwickelt sich das Fluor. Da nun aber das Platintetrafluorid in der Säure etwas löslich ist, wird die oberste Schicht des Überzugs durch die Säure, welche infolge der Gasentwick-

*) Der Sauerstoff enthält ziemlich viel Wasserstoff und der Wasserstoff auch Sauerstoff.

lung in ziemlich lebhafter Bewegung ist, dauernd abgelöst. Der weggeführte Betrag muß durch Neubildung ersetzt werden. So ist die Größe des auf die Bildung von Fluor entfallenden Stromteils einerseits durch die Stromdichte, andererseits durch die Lösungsgeschwindigkeit des Platintetrafluorids bestimmt. Da die Stromdichte aber die Stärke der Gasentwicklung und damit auch wieder die Umlaufsgeschwindigkeit der Säure um die Anode beeinflußt, vergrößert sich die Lösungsgeschwindigkeit zugleich mit der Fluorentwicklung, und eine Verbesserung der Ausbeute an Fluor ist durch eine Erhöhung der Stromdichte, wenn überhaupt, so doch nur in beschränktem Umfang erreichbar. Da die Lösungsgeschwindigkeit auch von der Temperatur abhängig ist, sollte man mit einer stärkeren Kühlung des Apparates, evtl. auch einer besonderen der Anode, eine Verbesserung der Ausbeute erreichen. Beides ist versucht worden; im ersten Fall scheint ein Erfolg in bescheidenem Umfang erreichbar, die Verwirklichung des zweiten bringt apparativ so große Schwierigkeiten, daß ein Erfolg mit Sicherheit bis jetzt nicht festgestellt worden ist (siehe unten).

Die in der Flußsäure gelöst bleibenden Mengen von Platintetrafluorid sind nur klein. Es wird aus der Lösung teils als Doppelsalz mit Kaliumfluorid, teils als Platin alsbald wieder ausgeschieden; man findet in dem den Apparat nach einiger Zeit des Betriebes erfüllenden schwarzen Schlamm dementsprechend sowohl Platin als auch das Platin-Kalium-Doppelfluorid. Des letzteren Zusammensetzung ist zur Zeit noch unbekannt. Die Gesamtanalyse des Schlammes ergibt naturgemäß ein ziemlich schwankendes Verhältnis von Platin zu Kalium (Moissan hat ungefähr 1 Pt zu 1 K gefunden). Die Gegenwart des Platins im Schlamm beweist, daß das Platintetrafluorid zum Teil kathodisch reduziert wird, und dessen Menge, daß es kathodisch ein recht guter Depolarisator ist.

$$Pt^{\cdot\cdot\cdot\cdot} + 4_{\ominus} = Pt\,.$$

Dementsprechend findet man, daß sich an der Kathode immer etwas mehr Wasserstoff als an der Anode Fluor entwickelt. Wenn der Apparat sehr gut im Gang ist, ist die Wasserstoffmenge gleich etwa 40% der aus der Stromstärke zu berechnenden, die Fluormenge bis zu etwa 30% der berechneten. Eine genaue, einwandfreie Bestimmung der entwickelten Gasmengen ist wegen der ungleichmäßigen Arbeit des Apparates kaum möglich. Das Gesamtergebnis ist jedenfalls das, daß höchstens etwa $^1/_3$ der zugeführten Strommenge der Fluorentwicklung, $^2/_3$ und mehr dem Umsatz von Platintetrafluorid bzw. der Auflösung der Platinanode dienen.

Es wäre ein großer Fortschritt, wenn es gelänge, entweder, wie dies schon oben erwähnt worden ist, die Platinanode widerstandsfähiger zu machen oder diese durch einen anderen Stoff zu ersetzen. Als Ersatz kämen Kupfer, Iridium, Rhodium, Ruthenium, Osmium, Palladium und Graphit in erster Linie, stromleitende Fluoride in zweiter Linie in Frage. Kupfer hat sich als unbrauchbar erwiesen. Erzwingt man die Fluorentwicklung an dessen Fluorürüberzug, so geht das Fluorür offenbar in Fluorid über, das Kupfer löst sich. Iridium und Osmium werden noch stärker angegriffen als Platin. Rhodium wird nach einer privaten Mitteilung von Herrn Prof. Dr. Stock gleichfalls angegriffen; über die Größe dieses Angriffs liegen genauere Zahlen zur Zeit aber nicht vor. Ruthenium, Palladium und Gold sowie stromleitende Fluoride sind bis jetzt anscheinend noch nicht versucht worden. Graphit bläht sich selbst in der edelsten Form, als Achesongraphit, auf und zerfällt.

ε) Störungen bei der Arbeit. Zu Beginn der Elektrolyse darf man bei einem frischbeschickten Apparat nicht zu früh das Fluor erwarten; solange noch Wasser im Apparat ist, ensteht, wie schon erwähnt, nur ozonhaltiger Sauerstoff. Man verliere deshalb die Geduld nicht, und wenn es — bei schlechtbereiteter Flußsäure — selbst 2 Stunden dauern sollte, bis das Fluor erscheint.

Die für den Anfänger empfindlichsten Störungen werden durch mehr oder minder starke Explosionen im Apparat verursacht. Dieselben treten besonders am Anfang der Elektrolyse sehr häufig auf, solange der Inhalt des Apparates noch wasserhaltig ist bzw. solange der auf der Anodenseite sich bildende Wasserstoff noch nicht im Maße seines Entstehens dort wieder verbrannt wird. Explosionen hat man aber auch dann zu erwarten, wenn sich infolge irgendeiner Verstopfung am Apparat das Niveau der Flußsäure in den beiden Schenkeln so weit verschiebt, daß sich die Gase mischen können, oder wenn eine der Elektroden die Wandung des Apparates berührt, oder wenn man Undichtigkeiten am Apparat, dem Vorschlag Moissans folgend, mit einer ätherischen Schellacklösung dichtet und dann der Äther durch die Fugen in das Innere dringt*).

Beobachtet man während der Arbeit starkes Zucken der Amperemeternadel und gleich darauf ein Aussetzen des Stromes, so ist die Flußsäurelösung zu warm geworden, so daß die Anode in einer Dampfhülle steht, oder es ist deren Niveau zu stark gesunken, so daß die Anode aus der Flüssigkeit herauskommt; oder aber es ist die Anode verbraucht, oder es ist eine Verstopfung im Apparat eingetreten; im letzten Falle wird meist auch die Säure zu einem der Abzugsrohre herausschießen. In allen Fällen wird der Strom sofort abgestellt. Im ersten Fall kann man nach einigen Minuten wieder mit der Arbeit beginnen, hat dann aber eine geringere Stromstärke zu verwenden.

Immer hat man auch auf die Isolierungen an den Köpfen zu achten; der Apparat sollte stets so kalt sein, daß sich dort trockener Reif findet, der von Zeit zu Zeit mit einer Bürste entfernt wird. Ist die Isolierung schlecht geworden, d. h. haben sich Kupferschlieren im oder am Flußspatstopfen gebildet, so sieht man daselbst Fünkchen entlangziehen und muß dann versuchen, das Kupfer auszukratzen.

ζ) Stromausbeute).** Das Fluor enthält, wie Prideaux[199]) festgestellt hat, noch lange, nachdem der Apparat in Gang gesetzt worden

*) Ein ordentlicher Apparat bedarf keiner derartigen Dichtung.

**) Die diesbezüglichen Versuche hat der Verfasser gemeinschaftlich mit Herrn Dr. Hans Julius Braun durchgeführt.

ist, etwas Sauerstoff und Ozon. Das Ozon läßt sich zwar dadurch zerstören, daß man das Fluor durch ein auf etwa 300° erhitztes Platinrohr leitet, aber die Entfernung des Sauerstoffs ist zur Zeit nicht möglich. Bei der Bestimmung der Stromausbeute ist hierauf Rücksicht zu nehmen. Außerdem hat sich gezeigt, daß die Ausbeute an Fluor verschieden ist, je nachdem der Apparat frischbeschickt oder schon länger im Gebrauch gewesen ist. Sie erreicht nach einiger Zeit ein Maximum mit etwa 30% derjenigen, welche sich aus dem Stromverbrauch berechnet.

Im nachstehenden sei das Ergebnis einer längeren Versuchsreihe wiedergegeben, welches an einem mittelgut arbeitenden Apparat festgestellt worden ist. Die daselbst mitgeteilten Fluorzahlen sind in der Weise ermittelt worden, daß das aus dem Fluorapparat entweichende, durch NaF von Fluorwasserstoff befreite Gas durch ein Röhrchen mit Silizium geleitet wurde, welches auf dunkle Rotglut erhitzt war. Das gebildete Siliziumtetrafluorid wurde in zwei mit angefeuchteter Glaswolle, Natronkalk und Chlorkalzium gefüllten Röhrchen aufgefangen und gewogen. Die angegebenen Fluorzahlen sind aus diesen Siliziumtetrafluoridzahlen berechnet und auf eine Amperestunde reduziert worden.

Füllung des Apparates: 80 g Kaliumbifluorid und 180 g Fluorwasserstoff; Gewicht des Apparates: 2489 g; Gewicht der Platinanode: 76,56 g; Spannung primär: 66 Volt; Fluor pro Amperestunde theoretisch: 0,709 g.

Zeit in Amp.-Std.	Volt	Amp.	Fluor per Amp.-Std.	F in % der Theorie	Bemerkungen
1—3	64—50	7	—	—	
4—9	60—52	5,5	—	—	
10—11	52	5,5	0,016	2,3	Beginn der Fluorentwicklung
12—13	52—48	5,6	0,149	21,0	Die Kühlung wurde allmählich verringert
14—15	48—45	5,7	0,110	15,5	
16—17	45—44	5,7	0,142	20,0	
18	44—40	5,8	0,187	26,0	
Unterbrechung für 24 Stunden.					
19	nicht bestimmt	5,5	—	—	
20—23	„ „	5,6	etwa 0,190	27,0	
Unterbrechung für 24 Stunden.					
24—26	47—54	5,4	—	—	
27—29	47—40	5,5	0,057	8,0	
30—33	40—53	5,5	0,200	28,0	
34—35	52—47	5,4	0,223	31,5	
36—37	51—50	5,4	0,142	20,0	
38—40	50—52	5,4	0,134	19,0	
41—42	50—45	5,4	0,120	17,0	
—	66	5,6	—		Funke an der Kathode; dann von Zeit zu Zeit Explosionen im Apparat mit stoßweiser Fluorentwicklung.
43—48	50—44	5,7	unbestimmt	—	

Gewicht des Fluorapparates: 2440 g (Verbrauch an HF rund 50 g).
Gewicht der Platinanode: 36,37 g (Verbrauch rund 40 g).

Die Flußsäure reichte zum weiteren Betrieb nicht mehr aus und bedurfte einer Ergänzung. Die zylindrische, ursprünglich 7 mm starke Platinanode konnte noch weiterbenutzt werden, obwohl sie nur noch 4 mm stark, scharf zugespitzt und außerdem um etwa 1 cm verkürzt war.

Um keine Unterbrechungen wie die gegen Schluß des geschilderten Versuchs zu erfahren, arbeitet man am besten mit verhältnismäßig schwachem Strom, 4—7 Volt im gezeichneten Apparat, und füllt schon nach etwa 30 Amp.-Stunden frische Flußsäure nach.

Der Platinverbrauch kann mit etwa 1 g für jede Amp.-Stunde in Rechnung gestellt werden; er ist während der eigentlichen Fluorentwicklung in Wirklichkeit etwas größer, zu Beginn des Versuchs etwas kleiner. Eine Platinanode wie die oben gezeichnete von etwa 85 g Gewicht hält etwa 60 Amp.-Stunden aus, muß dann aber erneuert werden. Man braucht den Apparat zu dem Zweck nicht zu entleeren.

Das Platin sammelt sich unten im Fluorapparat als schwarzer Schlamm, verunreinigt mit Alkalifluorid und Kupferfluorür. Bei der Entleerung des Apparates schüttet man den Schlamm mitsamt der Säure in eine große Bleischale, läßt die Säure an der Luft verdunsten und gießt auf den Rückstand Wasser und Ammoniak. Der größte Teil des Kupfers geht in Lösung und kann auf dem Filter herausgewaschen werden; der Rest und etwas Blei, welches aus der Bleischale hinzukommt, lassen sich durch Einschmelzen des Platins im Knallgasgebläse entfernen; sie verschlacken dabei zum Teil mit dem Alkalifluorid, zum Teil gehen sie als Dampf fort.

Ein Zusatz von Iridium zum Platin scheint bedeutungslos zu sein. Iridium allein bewährt sich noch schlechter als Platin (siehe oben).

Der Verbrauch an flüssiger Kohlensäure ist in dem Fall, daß man mit einer Kohlensäure-Alkoholmischung kühlt, beträchtlich. Für die erste Kühlung des Apparates darf man etwa 10 kg rechnen, für jede Betriebsstunde bei 5—6 Amp. Strom etwa 6—7 kg. Den zur Kühlung nötigen Alkohol (etwa $1^1/_2$ Liter) kann man immer wieder verwenden. Wo es auf den Preis nicht ankommt, kann statt des Alkohols ebensogut, vielleicht sogar noch besser, Azeton benutzt werden.

Etwas teurer als die Kühlung mit Kohlensäure ist diejenige mit flüssigem Ammoniak, und noch kostspieliger wird das Chlormethyl, welches Moissan gebraucht hat; auch ist das Arbeiten mit diesen beiden Stoffen nach jeder Richtung unbequemer als mit Kohlensäure.

Am billigsten ist immer die einfache Kühlung mit Eis-Kochsalzmischung unter der Voraussetzung, daß die Alkalifluoridkonzentration in der Flußsäure hinreichend hoch gehalten wird (siehe oben).

η) Nach dem Versuch. Da sich in der Vorlage *D* während des Versuchs etwas Flußsäure gesammelt hat, bringt man diese Säure alsbald nach Beendigung des Versuchs in die Vorlage zurück. Man löst das Natriumfluoridrohr von der Vorlage ab und verschließt es mit passenden Verschlüssen; dann entfernt man den Dewarzylinder und lockert die Verbindung der Vorlage mit dem U-Rohr eben so weit, daß sich die

Vorlage nach oben drehen läßt. Hat man sie dabei nicht von dem Konus abgezogen, so läuft die Flußsäure ohne Verlust in den Fluorapparat zurück. Man läßt die beiden Apparate in dieser Stellung zueinander etwa 5 Minuten stehen, löst dann ihre Verbindung und verschließt die Auslässe. Der Fluorapparat wird wieder gewogen und in einem geeigneten Gestell in vertikaler Lage aufbewahrt. Das Gewicht wird notiert. Ist die Flußsäuremenge noch nicht um etwa $^1/_7$ des ursprünglichen Gesamtinhaltes kleiner geworden, so kann der Apparat zusammen mit den übrigen Teilen ohne Nachfüllung oder Reinigung zu neuen Versuchen benutzt werden.

Eine evtl. Nachfüllung wird ebenso ausgeführt wie die erste Füllung.

c) Apparate der Société Poulenc frères und von Gino Gallo.

Neben dem Apparat von Moissan kennt die Literatur noch zwei weitere: den im Deutschen Patent 129 825 Kl. 12 l beschriebenen von der Société Poulenc frères und Maurice Meslans sowie den Apparat von Gino Gallo.

Der letztgenannte Apparat findet sich im Chem. Zentralbl. *1910*, 1, 1951 abgebildet (siehe die Fig. 19a). Er enthält als Anode einen Platindraht in einem durch einen Flußspatstopfen abgeschlossenen Platinzylinder, welcher vermittels eines Schwefeldeckels in den als Kathode dienenden, mit der Flußsäurelösung beschickten Platintiegel eingesetzt ist. Der Apparat arbeitet ganz gut, ist im Betrieb, vor allem seiner geringen Größe wegen, aber unbequem und liefert nur kleine Mengen Fluor; für präparative Zwecke ist er deshalb nicht geeignet.

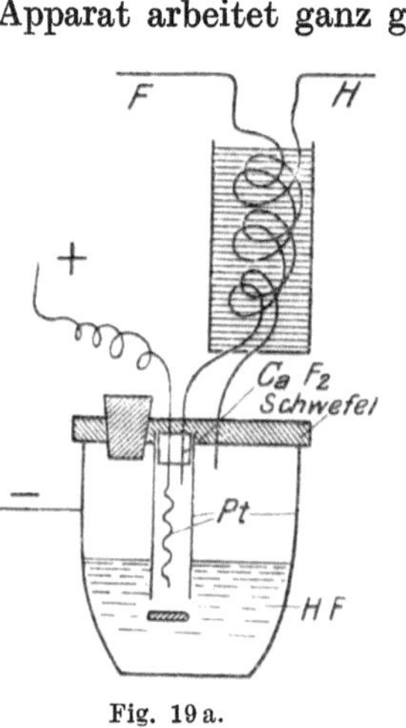

Fig. 19 a.

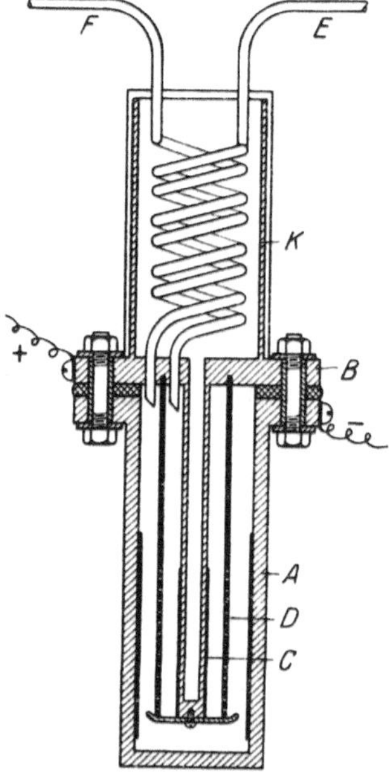

Fig. 19 b.

Einige für die technische Verwertbarkeit möglicherweise nützliche Verbesserungen zeigt der Fluorapparat der Société Poulenc frères und Maurice Meslans, D. R. P. 129 825 Kl. 12 l — Abbild. Fig. 19 b —, obwohl er praktisch unbrauchbar ist. *A* ist ein kupferner Behälter, in welchem sich die Flußsäurelösung befindet, und zugleich die Kathode. Auf ihm sitzt durch eine Isolation getrennt der Deckel *B*, durch welchen — mit ihm fest verbunden — die hohle Anode *C* geführt ist. Mit dem Deckel fest verbunden ist auch noch das Kupferdiaphragma *D*, welches aus einem durchlochten Kupferzylinder gefertigt ist. Die Abführungsrohre *E* und *F* gehen spiralförmig gewunden durch den Kühler *K*, von dem aus auch die Anode *C* gekühlt wird.

Der Einbau eines kupfernen, unten siebartig durchbrochenen Diaphragmas um die Platinanode herum, die Innenkühlung der Platinanode, durch welche der Platinverschleiß herabgesetzt werden soll, sowie die Verringerung des Flüssigkeitswiderstandes können als Verbesserungen gelten; aber es stehen diesen einige in der Art der Stromführung begründete Mängel (1. 2. 3.) gegenüber, welche den Apparat unbrauchbar machen:

1. Die feste, metallische Verbindung der Anode *C* mit dem Deckel *B* macht eine Isolierung zwischen *A* und *B* nötig. Das Material für diese muß nicht nur dicht halten und fest sein gegen wasserfreie Flußsäure, sondern auch dem Druck des schweren Deckels widerstehen. Ein Isolier- und Dichtungsmaterial, das diesen mehrfachen Forderungen zu genügen vermöchte, scheint es aber nicht zu geben. Jedenfalls saugen sich der in der Patentschrift vorgeschlagene Gummi z. B. ebenso wie Kautschuk, Lignerit und ähnliche Materialien mit der Flußsäure in kürzester Frist derart voll, daß sie aufhören, Isolatoren zu sein. Der elektrische Strom geht dann anstatt durch den Elektrolyten auf dem kürzeren Wege durch die Isolation zur Kathode; auch wird die Flußsäure durch die Zersetzungsprodukte der Isolation derart verunreinigt, daß das erzeugte Fluor nach ganz kurzer Zeit in der Flußsäure selbst zur Fluorierung dieser Zersetzungsprodukte verbraucht wird.

2. Die metallische Verbindung des Diaphragmas mit der Anode hat, ebenso wie dies oben für Moissans Apparat dargelegt wurde, zur Folge, daß das Diaphragma aufhört, reine Zwischenelektrode zu sein, vielmehr selbst zur Anode wird und von ihrem unteren Teil aus, welcher der nicht isolierten Bodenfläche gegenüberliegt, rasch zerstört wird.

3. Da die Bodenfläche des Apparates nicht isoliert ist, findet die stärkste Wasserstoffentwicklung gerade unterhalb des Diaphragmas statt, wo die Strombahn am kürzesten ist; ein Teil des Wasserstoffs dringt durch das Diaphragma in den Anodenraum und veranlaßt dort Explosionen oder verunreinigt das Fluor.

d) Weitere Versuche zur Verbesserung des Fluorapparates.

Der Verfasser hat versucht, die Mängel des Apparates von Poulenc frères dadurch zu beheben, daß die Anode und das Diaphragma, jedes für sich isoliert, durch den Deckel hindurch in den Apparat eingeführt und der Boden mit isolierendem Material bedeckt wurde.

Wie dies erreicht worden ist, zeige die beistehende Fig. 20, in welcher *A* den Kupferbehälter für die Flußsäure, *B* den Deckel dazu, *C* die hohle Anode, *D* das Diaphragma, *E* und *F* die Abführungsrohre, *K* den Kühler, *J* die Isolierung im Deckel und *G* die Isolierung am Grund des Apparates bezeichnen. In der Zeichnung sind die kupfernen Teile von rechts oben nach links unten, die Isolation von links oben nach rechts unten und gekreuzt schraffiert gezeichnet. Eine isolierende Dichtung zwischen Deckel und Behälter ist bei dieser Anordnung natürlich nicht mehr nötig. Die Dichtung wird durch eine Zwischenlage von weichem Kupferblech erreicht (Blei würde allmählich zerstört werden).

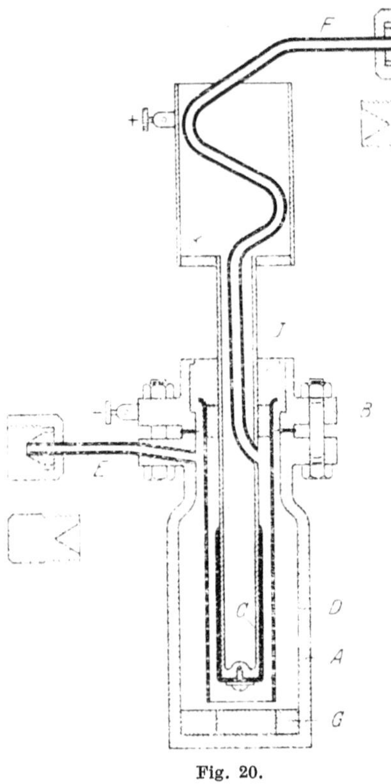

Fig. 20.

Die größten Schwierigkeiten machte natürlich auch hier die Herstellung einer zuverlässigen Isolation der Anode und des Diaphragmas. Isolationsringe aus geschmolzenem Flußspat sprangen beim Erkalten, und Ringe aus geschmolzenen Fluoridgemischen (z. B. AlF_3 mit LiF) verschlammten im Flußsäuredampf unter Bildung von Bifluoriden. Schwefelringe reagierten unter der Wirkung der Flußsäuredämpfe mit dem Kupfer des Apparates und bildeten unter starker Volumvergrößerung Schwefelkupfer; die Dichtungen wurden herausgedrängt und rissig. Es wurden auch Zwischenlagen von Platinfolien zwischen Kupfer und Schwefel verwendet; damit war aber keine befriedigende Dichtung zu erreichen.

Am besten bewährten sich Dichtungen aus feinstgepulvertem Flußspat und Zeresin. Zwischen Anode *C* und Diaphragma *D* wurde ein aus Flußspatpulver hydraulisch gepreßter und in bestem Vakuum mit heißem, geschmolzenem Zeresin durchtränkter Ring eingeführt und mit einer warmen Mischung aus 6 Teilen Flußspat und 1 Teil Zeresin gedichtet; mit der gleichen Mischung wurde auch die Isolation *J* hergestellt.

Die Güte dieser Isolationen läßt nach einigen Tagen leider nach; nach einigen Monaten werden sie durch Volumvergrößerung rissig, als ob auch Flußspat ein Bifluorid zu bilden vermöchte.

Die Art der Füllung und des Betriebes bedarf nach den ausführlichen Erörterungen zu Moissans Apparat in Einzelheiten keiner besonderen Erläuterung. Man arbeitet am besten mit etwa 7 Amp. Die Klemmenspannung beträgt dann 30—35 Volt; wesentlich geringere Spannungen verraten Isolationsfehler; sind solche zwischen *C* und *D* vorhanden, so kann es vorkommen, daß das Fluor an der Kathode erscheint. Genauere Daten über Stromausbeute und Platinverbrauch stehen noch aus; die Versuche sind durch den Krieg unterbrochen worden.

e) Darstellung von Fluor auf elektrolytischem Weg aus geschmolzenen Alkalifluoriden.

Das Verfahren ist von Argo, Mathers, Humiston und Anderson erst kürzlich bekanntgegeben[4]) und vom Verfasser noch nicht nachgeprüft worden. Es bietet die Möglichkeit, in offenem Gefäß zu arbeiten und als Anode einen Graphitstab an Stelle eines Platin- oder Iridiumstabes zu verwenden. Welche Nachteile diesen Vorteilen gegenüberstehen, ist noch nicht zu übersehen. Es ist aber z. B. anzunehmen, daß das nach diesem Verfahren erzeugte Fluor mit mehr oder minder großen Mengen Fluorkohlenstoff verunreinigt ist.

Den Apparat zeigt die beistehende Figur 21.

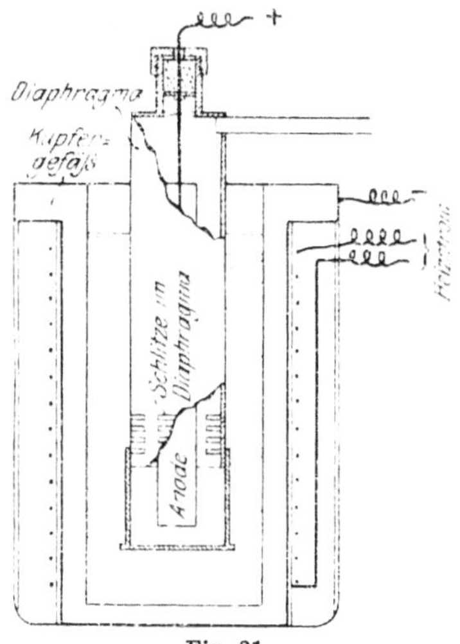

Fig. 21.

Apparat: In dem starkwandigen, oben offenen Kupferkessel befindet sich als Elektrolyt getrocknetes Kaliumbifluorid, welches geschmolzen und bei 240—250° C der Elektrolyse unterworfen wird. Um diese Temperatur zu erreichen und zu erhalten, umwindet man den Kupferkessel mit einem Widerstandsdraht (z. B. Nickelchromdraht), welcher von dem Kupferkessel durch eine Lage Asbestpapier isoliert und zum Schutze gegen Wärmeverluste mit Asbestwolle bedeckt und mit Asbestpapier überklebt wird. Durch den Widerstandsdraht wird ein Heizstrom geschickt, dessen Stärke durch Vorversuche festgestellt werden muß, bei denen die Temperatur im Innern des Gefäßes gemessen wird. Gasheizung kann nicht Verwendung finden, weil die Schmelze an Stellen stärkerer Erhitzung schnell Löcher in den Kessel frißt. Bei gleichmäßigem Erhitzen wird der Kupferkessel von dem Bifluorid aber nur langsam angegriffen; so hat nach einwöchigem Gebrauch ein Kessel von 1500 g Inhalt nur 20 g Kupferfluorür gebildet. Inmitten des Gefäßes befindet sich ein Kupferdiaphragma von etwa 5 cm Durchmesser mit Schlitzen im unteren Teil. In diesem Diaphragma steckt die Graphitanode, an welcher das Fluor entwickelt wird. Das Fluor entweicht durch die oben am Diaphragma angesetzte Röhre. Damit nichts von dem am Boden des Kupfergefäßes entwickelten Wasserstoff in das Diaphragma gelangt, ist dieses nach unten durch eine Kupferhülse geschlossen, in welcher sich auch das gebildete Kaliumfluorid absetzen kann. In die Graphitanode ist eine Kupferstange eingeschraubt, und diese führt durch den Kopf des Diaphragmas, von diesem sorgsam isoliert, nach außen. Die Isolierung besteht zunächst aus einer Flußspatscheibe, dann eingepreßtem Flußspatpulver*) und schließlich einer Fiberscheibe; sie wird durch eine Verschraubung am Kopf zusammengepreßt und gehalten.

Arbeitsweise: Eine frische Schmelze von Kaliumbifluorid enthält zunächst stets noch etwas Wasser, welches die Entwicklung von Fluor verhindert. Um es zu entfernen, beginnt man die Elektrolyse, nachdem der Kessel zunächst auf 225° angeheizt worden ist, mit 2—3 Amp. bei etwa 18 Volt Spannung. Nach einigen Stunden, während deren man die Temperatur auf 240—250° steigen läßt, ist das Wasser entfernt, und die Fluorentwicklung beginnt. Der Strom wird dann auf 10 Amp. verstärkt und die Klemmenspannung beträgt etwa 15 Volt. Eine höhere Temperatur muß vermieden werden, weil das Bifluorid sonst erhebliche Mengen Fluorwasserstoff abgibt und das Kupfer zu stark angegriffen wird.

Während der Elektrolyse scheidet sich aus dem Bad festes Alkalifluorid aus; zugleich bildet sich Kupferfluorür. Diese machen das Bad zähflüssig, vergrößern dessen Widerstand und veranlassen im Diaphragma ein Schäumen. Wenn das Schäumen eintritt, muß die Schmelze regeneriert werden. Die Schmelze wird zu dem Zweck in eine Kupferschale ausgegossen, nach dem Erkalten fein gepulvert und in einem Kupferkessel durch Zugabe von Handelsflußsäure in Alkalibifluorid zurückverwandelt. Durch allmähliches Erhitzen bis auf 225° werden der Säureüberschuß und das Wasser entfernt und das Salz schließlich geschmolzen. Es kommt dann zurück in den Fluorapparat und wird hier wieder wie oben behandelt.

Über die Ausbeute an Fluor, die Reinheit des Gases und den Verschleiß der Graphitelektrode fehlen die Angaben.

f) Eigenschaften des Fluors.

Farbloses, in dicker Schicht (1 m) schwach grünlichgelbes Gas; oder blaßgelbe Flüssigkeit.

$Kp_{760\,mm}$ = etwa — 187°.

F — 223°.

$D_{-187} = 1{,}14$ für die Flüssigkeit; $D_{17^0} = 1{,}265$ für das Gas, auf Luft bezogen (Theorie für $F_2 = 1{,}316$). Bei —187° mit flüssigem Sauer-

*) Noch besser dürften sich für den Zweck unsere hydraulich gepreßten Flußspatstopfen eignen.

stoff und flüssiger Luft in jedem Verhältnis mischbar. Reagiert, meist unter Feuererscheinung, bei gewöhnlicher oder höherer Temperatur mit fast allen Elementen (Ausnahmen: Chlor, Sauerstoff, Stickstoff und Edelgase); Gold und Platin werden erst bei Dunkelrotglut angegriffen. Wie die Elemente, werden auch die meisten Verbindungen dieser durch Fluor unter Bildung von Fluoriden zersetzt oder verändert.

g) Anordnung von Versuchen mit Fluor.

α) **Feste Stoffe.** An das Ende des Natriumfluoridrohres schraubt man ein mit passendem Gewinde versehenes dünneres Kupferröhrchen von etwa 2 mm lichter Weite und 4 mm äußerem Durchmesser. Über dieses Röhrchen schiebt man das möglichst genau anliegende Ende *a* eines sorgfältigst getrockneten Glasröhrchens nachstehend gezeichneter Form (Fig. 22b S. 74) und dichtet dieses evtl. mit etwas Siegellack an; in *a* wird die zu fluorierende Substanz untergebracht (*a* entspricht hier *g* in Fig. 17); das Kölbchen selbst wird in seinem untersten Teil durch flüssige Luft gekühlt und durch ein Kupferröhrchen mit Kaliumfluorid am anderen Ende *b* vor dem Eindringen von Luftfeuchtigkeit geschützt. Flüchtige Produkte jeglicher Art werden in dem Kölbchen verdichtet und können nach Beendigung des Versuches weiter untersucht werden (z. B. Jod, Schwefel, Phosphor, Arsen, Kohlenstoff, Molybdän, Wolfram u. a.).

β) **Flüssige Stoffe.** Man benutzt dieselbe Apparatur, bläst an das Zuleitungsröhrchen *a* für das Fluor aber einen kleinen Kropf an, in welchen man mit einer entsprechenden kleinen Pipette die trockene Flüssigkeit einlaufen läßt (z. B. Brom, Schwefelchlorür, Toluol, Xylol).

γ) **Gasförmige Stoffe.** Ist das betreffende Gas schwerer als Luft, so füllt man damit ein Reagenzrohr und leitet von oben Fluor dazu, ist es leichter, wie z. B. Wasserstoff, so leitet man es von oben durch einen Trichter und führt das Fluor von unten dazu. Bei eingehenderen Versuchen, und sofern keine Explosion zu erwarten ist, fertigt man sich einen Apparat mit einem Kondensationsgefäß und zwei Gaszuleitungsröhrchen, deren eines für Fluor, das andere für das Gas bestimmt sind, ähnlich dem obigen aus Glas (z. B. $COCl_2$; CO_2; SO_2).

In allen Fällen wird sich bei Verwendung von Glas in der Vorlage ein wenig Siliziumtetrafluorid finden, auf welches bei der Untersuchung Rücksicht zu nehmen ist. Soll solches ganz vermieden werden, dann hat man sich Apparate aus Flußspat oder Platin zu bauen, und hierfür lassen sich natürlich allgemeine Vorschriften nicht geben.

Für das Arbeiten mit Fluor bei sehr tiefen Temperaturen finden sich mehrfach Anhaltspunkte in der Literatur[156)] [254)]. Einen für Untersuchungen mit Fluor im elektrischen Lichtbogen geeigneten Apparat hat Ruff[254)] beschrieben (s. a. S. 107 ff.).

B. Die Darstellung einiger Fluoride.

Für die Darstellung von Fluoriden ist das Fluor in Anbetracht der Schwierigkeiten seiner Gewinnung als Ausgangsstoff zur Zeit nur da von Bedeutung, wo billigere Wege nicht vorhanden sind.

Unter diesen Umständen dürfte es genügen, die Darstellung eines Fluorids genauer zu beschreiben, die Darstellung einiger weiterer dagegen zu skizzieren. Es wird das Osmiumoktafluorid als Beispiel gewählt, weil bei diesem die meisten der für solche Arbeit wichtigen Einzelheiten zur Geltung kommen.

Osmiumoktafluorid OsF_8 [252]).

Darstellung: Sie geschieht in der beistehend gezeichneten Apparatur (Fig. 22a). Nachdem das am Ende des Apparates als im Ofen und Kühler liegend gezeichnete Platinrohr durch Ausscheuern mit Sand und Wasser von jeder Spur Osmium, die etwa von früheren Operationen

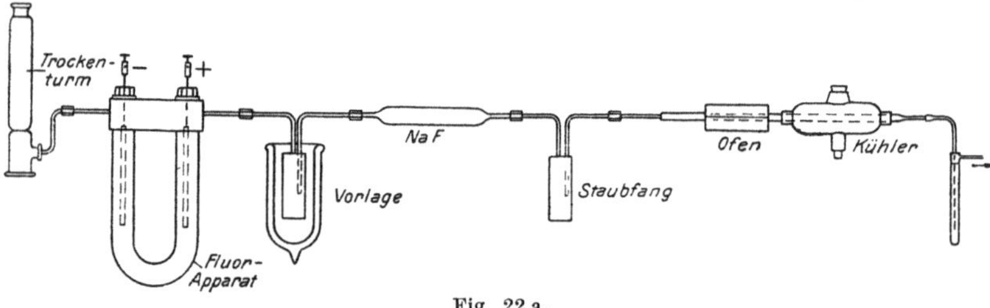

Fig. 22 a.

darin geblieben sein könnte, befreit und durch Erhitzen in einem trockenen Luftstrom getrocknet worden ist, wird es mit 1—2 Platinschiffchen beschickt, deren jedes nicht mehr als 1 g feingepulvertes Handelsosmium enthält. Zur Entfernung etwa darin enthaltenen Oxyds wird das Metall zunächst abseits vom Fluorapparat im Wasserstoffstrom auf dunkle Rotglut erhitzt und dann erkalten gelassen, wonach man den Wasserstoff und jede Spur gebildeten Wassers durch einen trockenen Kohlensäurestrom verdrängt; der hierfür nötige Wasserstoff- wie der Kohlensäureapparat werden vermittels eines T-Stückes an die zum Platinrohr führende Trockenapparatur gleichzeitig angeschlossen.

Inzwischen bringt man den Fluorapparat mit 3—4 Amp. in Gang. Hinter dem Natriumfluoridrohr, dessen Natriumfluorid tadellos trocken sein muß, wird eine kleine Kupfervorlage als Staubfänger angebracht. Die Vorlage ist dazu bestimmt, das Natriumfluorid zurückzuhalten, wenn solches infolge kleiner Explosionen im Fluorapparat dem Platinrohr zugeschleudert werden sollte; denn es würde das Osmiumoktafluorid binden. Sobald das Fluorgas hinter der Vorlage in solcher Konzentration erscheint, daß sich die Sparflamme eines Bunsenbrenners in ihm sofort entzündet, wird der elektrische Strom am Fluorapparat für einen Augenblick ausgeschaltet, um das Platinrohr anzuschließen.

Das Rohr ist am hinteren Ende konisch etwas erweitert und paßt auf ein entsprechend geformtes konisches Kupferrohrende, welches an den Staubfang angeschraubt ist; die beiden Enden werden einfach fest übereinandergeschoben. Unter die beiden Schiffchen mit Osmium im hinteren Rohrteil bringt man einen Aluminiumblockofen, über den vorderen Teil des Rohres schiebt man einen durch Filz gegen Wärmestrahlen geschützten Glaskühler, der dazu bestimmt ist, eine Kohlensäure-Alkoholmischung aufzunehmen.

An den letzten verengten Teil des Platinrohrs dichtet man zur Fernhaltung von Luftfeuchtigkeit eine kleine Platinvorlage*), ähnlich der gezeichneten (wieder mit Siegellack), schaltet den Strom des Fluorapparates — nun aber mit 7 Amp. — wieder ein und beschickt den Kühler mit Alkohol und fester Kohlensäure derart, daß er stets feste Kohlensäure enthält. Nun erhitzt man den Aluminiumblockofen, bis er 250° erreicht hat; dies dürfte im Laufe von etwa 20—30 Minuten der Fall sein; alsdann ist auch das Platinrohr mit hinreichend reinem Fluor gefüllt. Nachdem schon zuvor gelegentlich einzelne Partikelchen des Metalls Feuer gefangen hatten, brennt bei dieser Temperatur in etwa 10 Minuten das gesamte Osmium weg. Man erkennt dies ohne weiteres daran, daß sich an der Mündung der Apparatur mit Hilfe der Sparflamme vorübergehend das Ausbleiben des Fluors nachweisen läßt.

Das Osmiumoktafluorid verdichtet sich an der von der Kohlensäure-Alkoholmischung gekühlten Stelle zu einem festen gelben Sublimat. Daneben entsteht auch Osmiumhexafluorid; dieses setzt sich aber dicht hinter dem Ofen an. Die Reaktion ist beendet, wenn aus der Vorlage wieder so viel Fluor austritt, daß sich der Sparbrenner an ihm entzündet. Der Sicherheit halber läßt man den Fluorstrom noch etwa 10 Minuten länger gehen, ehe man endgültig aufhört.

Die kleine Vorlage wird vom Platinrohr abgenommen und das Rohr selbst durch ein kleines, einseitig zugeschmolzenes Glasröhrchen, das mit Siegellack aufgedichtet wird, an dieser Stelle geschlossen. Nun entfernt man den Aluminiumblockofen, löst den hinteren Teil des Platinrohrs von der Fluorapparatur und schließt auch dort das Rohr durch ein geeignet ausgezogenes und am Ende abgeschmolzenes Glasrohr.

Man hat nun Zeit, den Fluorapparat wieder ordentlich zu verschließen. Zunächst wird der Staubfänger verschlossen, dann wird die Verbindung zwischen der Flußsäurevorlage und dem Natriumfluoridrohr gelöst, worauf auch diese beiden Enden durch ihre Schrauben wieder verschlossen werden. Die Kältemischung wird unter der Flußsäurevorlage entfernt, während der Fluorapparat in seiner Kältemischung bleibt, und die in der Vorlage kondensierte Flußsäure in den Fluorapparat zurückdestilliert. Den letzten Rest läßt man, nachdem man die die beiden Apparate verbindende Verschraubung vorsichtig etwas gelöst hat, durch Wenden der Vorlage in den Apparat zurückfließen.

Entnahme des Fluorids aus dem Platinrohr. Man zieht den Kühler von dem Platinrohr ab, nachdem man die darin enthaltene

*) Evtl. auch aus Kupfer oder Glas.

Kältemischung zuvor durch den Ablaufstutzen entfernt hat, öffnet das verjüngte Ende des Platinrohrs durch Abziehen des Glasröhrchens und schiebt an dessen Stelle eine kleine, sehr sorgfältig gereinigte und getrocknete Glasvorlage der beistehend gezeichneten Form (Fig. 22b) darüber. Über den Auslaß dieser Vorlage wird das erweiterte eine Ende einer federnden Glasspirale geschoben, während deren anderes Ende durch einen Glashahn hindurch zu einem Chlorkalziumturm und einem T-Stück geht. Das T-Stück führt einerseits zu einem Manometer, das vor allem Undichtigkeiten nachzuweisen bestimmt ist, andererseits durch einen Glashahn hindurch zu einer dreifach tubulierten Flasche; diese steht mit einer Wasserstrahlpumpe in Verbindung und besitzt zum Zweck der Entlüftung noch einen mit Glashahn verschließbaren Auslaß. Alle Verbindungen werden bei offenen Glashähnen aufs sorgfältigste mit Siegellack gedichtet.

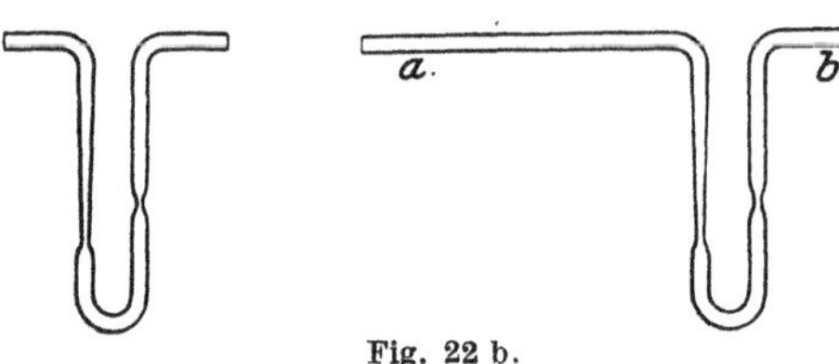

Fig. 22 b.

Nachdem man die Vorlage etwa 1 cm hoch mit flüssiger Luft abgekühlt hat, saugt man, den Druck allmählich bis auf etwa $^1/_4$ Atm erniedrigend, das Osmiumfluorid aus dem Rohr langsam in die Vorlage (Fig. 22b) über, in welch letzterer es sich als festes, rein gelbes Sublimat kondensiert. Ist alles gut getrocknet und sauber ausgeführt, so darf sich die Vorlage an keiner Stelle schwarz färben. Eine solche Schwarzfärbung ist immer auf die Gegenwart von Feuchtigkeit zurückzuführen, die entweder aus den Vorlagen stammt oder von unvorsichtigem Siegeln (z. B. Anbrennen des Siegellacks bei Unterdruck in der Apparatur) errührt.

Nach etwa einer halben Stunde ist alles Osmiumoktafluorid in die Vorlage eindestilliert; evtl. kann man durch leichtes Erwärmen des Rohres auf etwa 50° noch nachhelfen. Nun schließt man den Hahn zur Wasserstrahlpumpe, stellt diese ab und läßt durch den Chlorkalziumturm langsam Luft in die Apparatur eintreten.

Die Ausbeute an Osmiumoktafluorid beträgt auf 1 g Osmium etwa 0,6 g Oktafluorid. Der Rest bleibt als Osmiumhexafluorid im Rohr und wird aus diesem, wie es später beschrieben werden soll, entfernt.

Ehe man die Vorlage vom Platinrohr abnimmt, sammelt man das Fluorid in deren unteren Erweiterung. Man macht sich zu dem Zweck in einem entsprechend weiten und hohen Becherglas Wasser von 35—40° und taucht darein die kleine Vorlage, in der, da alle Hähne offen sind, Atmosphärendruck herrscht; das Osmiumoktafluorid schmilzt dann zu einer gelbroten Flüssigkeit von der Farbe alten Schwefelchlorürs und läuft nach dem unteren Teil der Vorlage. Man trocknet die Vorlage sorgfältig außen ab und schneidet oder schmilzt sie an den verjüngten Stellen von der Apparatur los. Hat man sehr sorgfältig gearbeitet, so kann das Fluorid in solcher Glasvorlage im Eisschrank tagelang ohne Zersetzung aufbewahrt werden; sicherer ist es freilich, sofern eine Aufbewahrung erforderlich ist, es während dieser Zeit in Kohlensäureschnee in einem Weinholdschen Gefäß, mindestens aber in Eis, zu halten. Für Versuche entnimmt man der Vorlage das Fluorid an einer der verjüngten Stellen durch einfaches Ausgießen, nachdem man die Vorlage zuvor durch Eintauchen in Schwefelsäure von 35° bis zu dieser Stelle erwärmt hat.

Eigenschaften: In fester Form kristallin, zitronengelb, in flüssiger gelbrot. Der Dampf ist farblos, bildet aber in feuchte Luft austretend weiße Nebel, welche sich, wohl infolge einer Reaktion mit deren Staubgehalt, alsbald bläulich färben. Der Dampf verbreitet einen eigentümlichen Geruch, der im Hals einen metallischen Geschmack hinterläßt, reizt die Nasen- und Augenschleimhäute äußerst intensiv und färbt organische Substanz, wo er auch auf dieselbe trifft, allmählich schwarz. Bringt man das feste oder flüssige Oktafluorid auf die Haut, so erzeugt es daselbst sofort schwarze Flecke und Brandwunden.

Schmelzpunkt: 34,4°.

$Kp_{760\,mm} = 47{,}5°$.

Verdampfungswärme: etwa 7100 cal.

Dampfdichte: 355 ($O_2 = 32$).

Zerfall in niedrigeres Fluorid und Fluor beginnt langsam, gegen 225°, wird rasch gegen 400°.

Äußerst reaktionsfähig mit den meisten unedlen Metallen und vielen Salzen.

Bezüglich der Darstellung von Osmiumhexafluorid OsF_6 und Osmiumtetrafluorid OsF_4 sei auf die Originalarbeit verwiesen (siehe oben).

Uranhexafluorid [232]) ($UF_6 = 352{,}3$).

Darstellung: Aus Uran oder Urankarbid in ähnlicher Weise wie das Osmiumoktafluorid aus Osmium. Hinter dem Staubfang muß aber ein kleiner Blasenzähler mit trockenem, flüssigem Chlor in die Apparatur eingebaut werden, da ohne Chlor im wesentlichen nur Urantetrafluorid statt -hexafluorid gebildet wird. Der Ofen kann wegfallen; für die Zündung reicht ein kurzes Erwärmen mit direkter Flamme aus.

Ausbeute: etwa 90% der Theorie.

Eigenschaften: Schwach gelblich gefärbte, monokline Kristalle Sublimiert ohne zu schmelzen schon bei Zimmertemperatur.

$Kp_{760\,mm} = 56°$.

Molekulare Verdampfungswärme: etwa 10 360 cal.

Dampfdichte bei 448°: ($O_2 = 32$) 338 (berechnet 352,3).

Schmelzpunkt: 69,2°.

$D_{20,7°} = 4{,}68$; Molekularvolum: 75,4.

An der Luft rauchend, sehr hygroskopisch und außerordentlich reaktionsfähig.

Molybdänhexafluorid[227]) ($MoF_6 = 210$).

Darstellung: Ähnlich derjenigen des Uranhexafluorids, jedoch ohne Verwendung von Chlor.

Eigenschaften: Weißkristallin, schmilzt bei 17° zu einer farblosen Flüssigkeit.

$Kp_{760\,mm} = 35°$; der Dampf bildet in stauberfüllter Luft blauweiße Nebel. Sehr hygroskopisch und reaktionsfähig.

Wolframhexafluorid[226]) ($WF_6 = 298$).

Darstellung: Aus Wolfram und Fluor wie diejenige des Molybdänhexafluorids. Die Darstellung aus Wolframhexachlorid und Arsentrifluorid ist aber einfacher und billiger.

Eigenschaften: siehe Seite 53.

Jodpentafluorid[152]) ($JF_5 = 222$).

Darstellung: Im Prinzip gleich derjenigen des Molybdänhexafluorids; doch ist die Verwendung eines Platinrohres nicht nötig. Man kann in Glas arbeiten und das Reaktionsrohr mit der Vorlage aus einem einzigen Stück Glas herstellen. Die Vorlage wird in Eis-Kochsalzmischung gekühlt. Ebenso wie die Darstellung läßt sich auch die Reinigung des Rohfluorids ohne Schwierigkeiten in Glasgefäßen durchführen.

Eigenschaften: Farblose, schwere Flüssigkeit, erstarrt bei 8° zu einer kampferartigen Masse.

$Kp_{760\,mm} = 97°$.

$D = 3{,}5$.

Raucht an der Luft, reagiert außerordentlich heftig mit Wasser und auch vielen anderen Stoffen und reizt die Atmungsorgane ähnlich wie das Chlorjod.

Schwefelhexafluorid[158]) ($SF_6 = 146{,}2$).

Darstellung: Wie das Jodpentafluorid; doch wird die Vorlage in flüssiger Luft gekühlt. Zur Reinigung des Rohfluorids wird die Vorlage, in der es aufgefangen worden ist, unter Zwischenschaltung eines Röhrchens mit kleinen Stückchen Ätzkali an die Seite 13 beschriebene Einrichtung zur Fraktionierung von Gasen angeschlossen; ihr Inhalt wird durch Evakuieren in flüssiger Luft erst von Siliziumtetrafluorid befreit und dann durch allmähliches Warmwerdenlassen von etwa − 60° bis − 30° unter Atmosphärendruck in eine neue Vorlage destilliert, deren Temperatur auf etwa − 80° gehalten wird (Mischung: Alkohol-feste Kohlensäure).

Eigenschaften: Farbloses, geruchloses, geschmackloses, merkwürdig indifferentes Gas.

Dichte: 5,03 (auf Luft bezogen).

Schmelzpunkt: − 55°.

$Kp_{760\,mm}$ − 62°.

Kritische Temperatur: + 54°.

Bezüglich des **Selenhexafluorids**[118]) [196]) und **Tellurhexafluorids**[2]) sei auf die Originalarbeiten verwiesen.

Bromtrifluorid [116]) [119]) [196]) (BrF_3 = 137,1).

Darstellung: Man schaltet vor dem Platinrohr (siehe Osmiumoktafluorid) eine kleines T-Stück aus Platin ein und leitet durch dieses aus einem Blasenzähler mit Hilfe eines Stickstoffstromes Bromdämpfe in solcher Menge zu dem Fluor, daß das aus dem Platinrohr austretende Gas möglichst farblos erscheint und sich so auch in der Vorlage verdichtet. Das Platinrohr lagert man etwas schief, damit sich das in ihm verdichtete flüssige Fluorid vor der verengten Stelle sammeln und es zum Schluß durch Neigen in die Vorlage ausgegossen werden kann.

Eigenschaften: Farblose, schwere Flüssigkeit, beim Abkühlen zu einer aus langen Prismen gebildeten Kristallmasse erstarrend.

Schmelzpunkt: 5°.

$Kp_{760\,mm}$ = 130—140°.

Sehr reaktionsfähig, raucht stark an der Luft, greift die Haut heftig an.

Die Fluoride des Niobs und Tantals [256]) [251]), welche zwar gleichfalls aus Fluor und den Elementen gewonnen werden können, aber billiger aus Fluorwasserstoff und den entsprechenden Chloriden dargestellt werden, mögen hier nur Erwähnung finden, desgleichen das Nitrilfluorid NO_2F[162]), welches man aus Fluor und Stickoxyd erhalten kann, und das Sulfurylfluorid SO_2F_2, welches aus Fluor und Schwefeldioxyd dargestellt worden ist[161]) *).

III. Die Bestimmung des Fluors.

1. Qualitativ.

Größere Mengen von Fluor geben sich beim einfachen Erwärmen der Substanz mit konz. Schwefelsäure im Reagenzglas dadurch zu erkennen, daß die Schwefelsäure das Reagenzglas nicht mehr benetzt und daß sich ein weißer Kranz von Tröpfchen (Kieselflußsäure) von der Säure weg durch das Reagenzglas allmählich nach oben zieht.

---

*) Ein einfacheres Verfahren zur Darstellung von Sulfurylfluorid hat W. Traube mit seinen Mitarbeitern im Erhitzen von Bariumfluorsulfonat gefunden[287]).

$$Ba(SO_3F)_2 = BaSO_4 + SO_2F_2.$$

Bariumfluorid wird zu dem Zweck in einem Eisenrohr mit eingeschweißtem Boden mit der äquivalenten Menge Fluorsulfonsäure gemischt und nach Ablauf der ersten Reaktion erst auf 150° und dann auf Rotglut erhitzt.

Im übrigen wird der qualitative Nachweis von Fluor gewöhnlich durch die Ätzprobe oder die Wassertropfenprobe oder eine Verbindung beider geführt. Die Ätz- und die Wassertropfenprobe führen, auch bei sehr kleinen Mengen, dann zu einem sicheren Ergebnis, wenn das nachzuweisende Fluor an durch Schwefelsäure zersetzbare Fluoride gebunden ist, und wenn in der zu prüfenden Substanz organische Stoffe und flüchtige Säuren nicht in größerer Menge vorhanden sind. Beide Bedingungen sind bei Mineralien meist ausreichend erfüllt. Ist dies nicht der Fall, dann muß der Anstellung der Probe erst eine Aufbereitung der zu prüfenden Substanz auf Kalzium- oder Bariumfluorid oder eine Anreicherung an diesen Fluoriden vorausgehen. Man erreicht beides zugleich, wenn man, evtl. nach Zerstörung des Organischen und einem Aufschluß mit Alkalikarbonat, das Fluor zunächst als Alkalifluorid in Lösung bringt, die Lösung mit einigen Tropfen Methylorange durch langsame Zugabe von Salzsäure bis zum Farbenumschlag nach Rot neutralisiert, filtriert und nun nach Zusatz von etwas Alkalisulfat mit Bariumazetat fällt. Die Kieselsäure bleibt bei dieser Fällung in Lösung.

Zu 200 ccm der kalten, wie beschrieben neutralisierten bzw. angesäuerten Lösung gibt man 3—5 Tropfen einer etwa 20 proz. Natriumsulfatlösung und 10 ccm einer 10 proz. Bariumazetatlösung. Nach kräftigem Durchrühren bleibt die Lösung 12 Stunden stehen; dann wird der Niederschlag durch ein doppeltes Filter abfiltriert. Das Filter wird bei schwacher Rotglut verascht und die Asche nach einer der im nachstehenden beschriebenen Proben auf Fluor geprüft[10]) [289]).

Liegen Lösungen vor, in denen, was der seltenere Fall sein dürfte, nur Fluorion als durch Kalziumion fällbares Ion enthalten ist, so kann der Nachweis auch direkt durch die Bildung eines Kalziumfluoridniederschlages geführt werden. Auch der mikroanalytische Nachweis von Fluor, bei welchem Natrium- oder Bariumsilikofluoridkriställchen erzeugt werden, setzt voraus, daß möglichst wenig fremde Salze vorhanden sind; seine Empfindlichkeit ist wesentlich kleiner als diejenige der unter a) und c) genannten Proben. Man wird ihn deshalb nur unter ganz besonderen Verhältnissen verwenden.

a) Ätzprobe. Die zu prüfende Substanz (etwa 0,1 g) wird in einem kleinen Platin- oder Bleitiegel von etwa 25 mm Höhe und 10 mm Durchmesser mit 1—2 Tropfen Wasser befeuchtet und mit 1 ccm konz. Schwefelsäure verrührt. Auf den Platintiegel kommt ein Uhrglas mit der konvexen Seite nach unten; dessen Unterseite hat man zuvor mit Hartparaffin überzogen und in dieses mit einer weichen Nadel Figuren eingeritzt. Nun wird der Boden des Tiegels auf dem geschlossenen Wasserbad 30 Min. lang auf etwa 80° erwärmt; der obere Teil des Tiegels bleibe dabei möglichst kalt.

Das Uhrglas wird danach mit Ligroin, Äther und Spiritus gut gereinigt. Bei Gegenwart von Fluor in der Substanz sind die Figuren in das Glas geätzt und lassen sich durch Anhauchen jederzeit wieder hervorrufen, nachdem das Glas gut gespült und wieder getrocknet worden ist.

Empfindlichkeit: Untere Grenze, etwa 0,1 mg F bei Verwendung von Natriumfluorid, etwa 0,3 mg F, wenn dieses in organischen Stoffen enthalten ist[261]) oder als Silikofluorid vorliegt.

An Stelle des Paraffins läßt sich auch Spirituslack als Überzug für das Uhrglas verwenden. Man bestreicht damit das Uhrglas so, daß in der Mitte ein Kreis von etwa 3 mm freibleibt; in diesen freien Raum zeichnet man mit einer in den Lack getauchten Feder kreuzweise zwei Linien ein. Das Fluor ätzt die vom Lack freigebliebene Stelle der Glasplatte und ruft auf derselben das umgekehrte Bild des eingezeichneten Kreuzes hervor.

Bei etwas empfindlicherer Anordnung des Versuchs[70]) und Verwendung kieselsäurefreien Materials lassen sich mit diesem Verfahren selbst noch $^{2}/_{1000}$—$^{1}/_{1000}$ mg Fluor nachweisen.

b) Wassertropfenprobe. Etwa 0,1 g der feingepulverten Substanz wird in kleinem Platin- oder Bleitiegel mit etwa $^{1}/_{2}$ g Quarzmehl und etwa 1 ccm konz. Schwefelsäure zu einem Brei verrührt. Der Tiegel wird wieder mit einem Uhrglas bedeckt, dessen nach unten gerichtete konvexe Seite diesmal einen Wassertropfen trägt. Beim Erwärmen des Tiegelbodens trübt sich der Wassertropfen infolge der Ausscheidung von Kieselsäure, welche den folgenden Reaktionen entsprechend gebildet wird:

$$2\,CaF_2 + 2\,H_2SO_4 + SiO_2 = 2\,CaSO_4 + SiF_4 + 2\,H_2O$$

$$3\,SiF_4 + 3\,H_2O = 2\,H_2(SiF_6) + H_2SiO_{3\,\mathrm{coll}}.$$

c) Ätzprobe und Wassertropfenprobe zugleich[257]) [261]). Um die Ätzwirkung des Fluorwasserstoffs mit der durch Siliziumtetrafluorid erreichbaren Trübung eines Wassertropfens zu verknüpfen, bringt man den Wassertropfen an der Kuppe eines klaren Glasstabes in den Tiegel mit der zu prüfenden Substanz und erwärmt so lange, bis der Wassertropfen verschwunden ist. Es hinterbleibt ein Reifüberzug an der Kuppe, unter dem beim Abwischen die Kuppe selbst geätzt erscheint.

Im einzelnen verfährt man wie folgt: Die Substanz wird in einem 3 cm hohen Platin- oder Bleitiegel mit 3 Tropfen Wasser befeuchtet und mit 1 ccm Schwefelsäure verrührt. Der Tiegel wird mit einem Gummistopfen verschlossen, durch dessen Bohrung ein Glasstab mit blanker, rundgeschmolzener Kuppe etwa 3 mm tief in den Tiegel hineinragt und an der Kuppe einen Wassertropfen trägt. Der Tiegel wird 20—30 Minuten lang auf einem siedenden Wasserbad erhitzt, hierbei verschwindet der Wassertropfen; die Kuppe beschlägt sich bei Gegenwart von Fluoriden mit einem trockenen Reif der Produkte der Reaktion und erscheint gerauht. Bei einem größeren Platintiegel wird der Glasstab so weit durch den Stopfen geschoben, daß sein Ende 2—2,5 cm über dem Reaktionsgemisch steht. Mit Ausnahme der Kuppe wird der Glasstab durch Überziehen einer bis an den Stopfen reichenden Manschette aus Gummischlauch vor dem Angriff der Flußsäure geschützt.

Empfindlichkeit: Untere Grenze, etwa 0,25 mg.

d) Fällung als Kalziumfluorid. Die neutrale oder mit einigen Tropfen Natronlauge schwach alkalisch gemachte Lösung wird mit einem Tropfen Kalziumchloridlösung versetzt, aufgekocht und dann durch Zugabe von Essigsäure leicht angesäuert. Eine bleibende Trübung, welche sich vor allem an der Oberfläche und an dem diese bedeckenden Schaum zeigt, kennzeichnet die Bildung von Kalziumfluorid. Ein größerer Überschuß an Essigsäure ist wegen der verhältnismäßig großen Löslichkeit des Kalziumfluorids zu vermeiden.

Empfindlichkeit: Untere Grenze, etwa 0,02 g Fluor im Liter.

e) Mikroanalytischer Nachweis.[8]) Es sollte wenigstens etwa 1 mg Fluor zur Verfügung stehen; andere Salze als Fluoride oder Silikate dürfen nur in kleiner Menge vorhanden sein. Ist dies nicht der Fall, so kann man aus der mit Quarzmehl gemischten Substanz durch Erhitzen mit konz. Schwefelsäure in einem kleinen Platinschälchen Siliziumtetrafluorid freimachen und dieses in einem Wassertropfen auffangen, welcher an der Unterseite eines darübergestülpten Platinlöffelchens hängt. Den Tropfen bringt man auf einen Objektträger und weist darin die Kieselflußsäure entweder durch die Bildung von Natriumfluosilikat Na_2SiF_6 oder durch die Bildung von Bariumfluosilikat $BaSiF_6$ nach. Im ersten Fall gibt man zu dem Wassertropfen eine Spur Chlornatrium oder Natriumazetat. Das Natriumfluosilikat erscheint dann in sechseckigen Täfelchen und Sternchen, welche dem hexagonalen System angehören (s. Fig. 23).

Fig. 23.

Aus weniger verdünnten Lösungen fallen zierliche sechsstrahlige Rosetten, ausnahmsweise werden auch kleine Rhomboeder erhalten. Alle diese Gebilde haben starkgezogene Umrisse und eine eigentümliche blaßrote Färbung.

Die Erzeugung von Bariumfluosilikat empfiehlt sich nur bei Abwesenheit von Sulfaten; sie ist aber sonst zuverlässiger und empfindlicher als die vorhergehende. Man gibt zu dem kieselflußsäurehaltigen Tropfen Bariumazetat und erhält das Bariumfluosilikat in Nadeln von 12—20 μ. Durch Zugabe von etwas mehr Wasser und Erwärmen können die Nadeln in Stäbchen von 40—70 μ und mit schiefer Endfläche oder einem Doma von 45° verwandelt werden (s. Fig. 24). Die Stäbchen zeigen gerade Auslöschung und schwach positive Doppelbrechung.

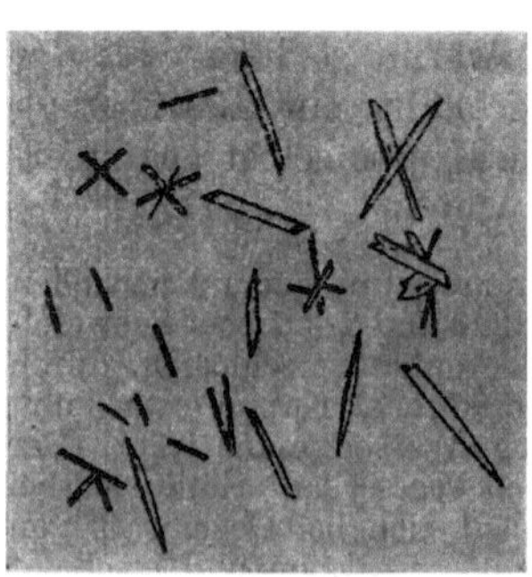

Fig. 24.

2. Quantitativ.

In der überwiegenden Mehrzahl von natürlich vorkommenden Produkten, welche Fluor enthalten, ist die Menge dieses verhältnismäßig klein; sie bleibt häufig genug unter $^{2}/_{10\,000}$ vom Gesamtgewicht. Zur Bestimmung so kleiner Fluormengen eignet sich am besten das von Gautier und Clausmann gebrauchte Verfahren*)[70]), welches im nachstehenden deshalb auch ausführlicher beschrieben wird. Von den sonstigen für derartige Fälle empfohlenen Verfahren soll nur noch das in seiner Anwendung beschränktere Verfahren von Steiger[38]) [138]) [267]) erwähnt werden.

A. Bestimmung sehr kleiner Fluormengen (bis etwa 3 mg).

Das Fluor wird zunächst als Bariumfluorid in einem Bariumsulfat- oder Ammoniummagnesiumphosphat-Niederschlag angereichert; aus diesem Niederschlag werden Fluorwasserstoff und Siliziumtetrafluorid entwickelt; diese werden an Alkali gebunden und auf möglichst reines Bariumfluorid verarbeitet. Aus dem Bariumfluorid wird mit Schwefelsäure Fluorwasserstoff entwickelt und dieser an Bleiglas gebunden. Aus der kolorimetrisch bestimmten Menge des Bleifluorids wird auf die Menge des entwickelten Fluors zurückgeschlossen.

Zur Abscheidung des Fluors sind die Bariumsalze geeigneter als die Kalziumsalze, und zwar nicht nur wegen der geringeren Löslichkeit des Bariumfluorids, sondern auch deshalb, weil alle unlöslichen Bariumsalze, vor allem das Bariumsulfat, das Fluorid aus der Lösung mit niederreißen.

a) Die Anreicherung.

α) Für Trinkwässer, Mineralwässer, technische Flüssigkeiten u. ä. bei einem Gehalt von 1—0,25 mg im Liter und weniger. Das Wasser wird durch Zugabe von Kaliumkarbonat oder Salzsäure schwach alkalisch gemacht, kalt mit 0,3—0,4 g kristallisiertem Natriumsulfat und einem leichten Überschuß von Bariumchlorid versetzt und dann auf 100° erhitzt. Die trübe Lösung verdampft man zur Trockne, behandelt den Rückstand mit einer zum Auflösen der löslichen Salze gerade ausreichenden Menge kalten Wassers, gibt das gleiche Volumen 96 proz. Alkohols hinzu und befreit nun den Niederschlag von den Chloriden durch Auswaschen mit möglichst wenig 65 proz. Alkohol an der Zentrifuge. Der Rückstand, welcher neben Fluorid auch Sulfat, Silikat, Phosphat, Borat u. a. enthalten kann, wird getrocknet und dann zur weiteren Behandlung in den unter b beschriebenen Goldtiegel gebracht.

*) Es ist zum Teil eine Weiterbildung des schon beim qualitativen Nachweis erwähnten, von L. Vandam entwickelten und von Blarez verbesserten Verfahrens. Die zitierte Arbeit enthält eine vorzügliche Zusammenstellung der für derartige Fluorbestimmungen wichtigen Einzelheiten.

Bei sulfatreichen Mineralwässern versetzt man die ursprüngliche Lösung anstatt mit Bariumchlorid mit Magnesiumchlorid (wenn sie nicht bereits magnesiumhaltig ist), Ammoniumphosphat und Ammoniak und engt sie bis fast zur Trockne ein. Den Rückstand nimmt man mit möglichst wenig ammoniakalischem Wasser auf, trocknet die Lösung erneut ein und bringt den nun verbleibenden Rückstand in den Goldtiegel zur weiteren Behandlung wie den Bariumsulfatniederschlag zuvor.

Sind die Wässer zugleich sulfat- und kalziumhaltig, so kann man Kalziumfluorid auch zusammen mit Kalziumphosphat fällen, welches das Fluorid ebenso niederreißt wie das Ammonium-Magnesiumphosphat.

β) Für fluorhaltige Mineralien. Wenn das Mineral durch konz. Schwefelsäure bei 180° aufschließbar ist, so behandelt man es, nachdem es zuvor auf das feinste gepulvert worden ist, direkt mit dieser Säure im Goldtiegel; anderenfalls schmilzt man das Mineral mit der sechsfachen Menge Alkalikarbonat und der zweifachen Menge Kieselsäure im Platintiegel, nimmt die Schmelze mit siedendem Wasser auf, filtriert die Lösung, entfernt aus ihr das Silizium durch zwölfstündiges Stehenlassen bei etwa 40° mit einem reichlichen Überschuß von Ammoniumkarbonat, filtriert, dampft ein und laugt den Rückstand mit wenig Wasser aus. Die Lauge wird wieder eingetrocknet und der nun verbleibende Rückstand in den Goldtiegel gebracht.

γ) Für pflanzliche und tierische Organe. Man trocknet die Organe, verreibt sie mit 1—1,5% gelöschtem, in etwas Wasser zerteiltem Kalk und verascht sie im Muffelofen bei 550—600° in einem Nickel- oder Porzellantiegel. Die Asche wird mit Salzsäure aufgenommen, bis das Aufbrausen beendet ist, schwach alkalisch gemacht und, ohne zu filtrieren, mit Natriumsulfat und Bariumchlorid gefällt. Die weitere Behandlung geschieht wie unter α) beschrieben.

b) Die Bestimmung.

Nachdem sämtliches Fluor eines Minerals, Mineralwassers oder Organs in solcher Weise in einer kleinen Menge Bariumsulfat oder Ammoniummagnesiumphosphat gesammelt worden ist, verfährt man zur vollständigen Abtrennung des Fluors wie folgt. Den Barytniederschlag bringt man, nachdem er getrocknet und gewogen worden ist, in den durch Fig. 25 abgebildeten Goldtiegel *A* von 50—55 ccm Fassungsvermögen. Der Tiegel besitzt einen flachen Rand, auf welchen mit Hilfe eines Kautschukringes, einer äußeren Kupferarmatur und 4 Schrauben der Deckel *D* luftdicht befestigt werden kann. Der Deckel ist in der Mitte halbkugelig nach unten gewölbt; in diese Wölbung paßt genau der Metallkühler *B* hinein. Nachdem der erwähnte Niederschlag oder das Mineral, wenn dasselbe durch H_2SO_4 aufschließbar ist, auf den Boden des Tiegels gebracht worden ist, stellt man in den Tiegel einen kleinen Dreifuß *S*, welcher in einer kleinen Platte *s* endigt, auf die man ein kleines Näpfchen *C* stellt. Letzteres wird mit 1—1,5 ccm reiner konz. H_2SO_4 beschickt. Hierauf hängt man das an 3 Drähtchen befestigte kleine Schüsselchen *P* (aus Pt oder Au) ein, beschickt dasselbe mit 0,5—0,6 g reinem, mit Wasser angefeuchtetem KOH und verschließt den Tiegel.

Durch einen leichten Stoß bringt man das Näpfchen *C* zum Umfallen; die auf dem Boden des Tiegels befindliche Substanz reagiert mit der H_2SO_4, und die sich entwickelnde HF und H_2SiF_6 werden vom KOH absorbiert.

Zur Vervollständigung der Reaktion wird der Tiegel in der Vertiefung eines Kupferblocks *K* (siehe Fig. 26) 2 Stunden lang auf 180—185° erhitzt, während zugleich der Kühler *B* in Gang gehalten wird. Man fängt auf diese Weise das gesamte Fluor als Alkalifluorid und -fluosilikat auf; als einzige Verunreinigung findet sich bisweilen eine Spur Salzsäure *)[70]. Den Inhalt des Schüsselchens *P* löst man hierauf in Wasser, erhitzt die Lösung einige Augenblicke zum Sieden, um das Fluosilikat zu zerstören, neutralisiert nahezu mit Salzsäure, gibt einen Tropfen Phenolphthaleïnlösung und etwas Ammoniumchlorid hinzu, bis eine in der Hitze beständige neutrale Reaktion hergestellt ist, versetzt die Flüssigkeit mit 3—4 g Ammoniumkarbonat und verdampft zur Trockne. Man nimmt den Rückstand wieder in Wasser auf, filtriert die SiO_2 ab, versetzt das Filtrat mit 1—2 ccm n_1-Na_2SO_4-Lösung, fällt in der Siedehitze mit Bariumnitrat in geringem Überschuß und dampft zur Trockne. Den Rückstand zerteilt man in Wasser, gibt das gleiche Volumen 95 proz. Alkohol hinzu, zentrifugiert, wäscht mit 65 proz. Alkohol, bis keine Spur von Chlorid oder Nitrat mehr vorhanden ist, trocknet und wägt.

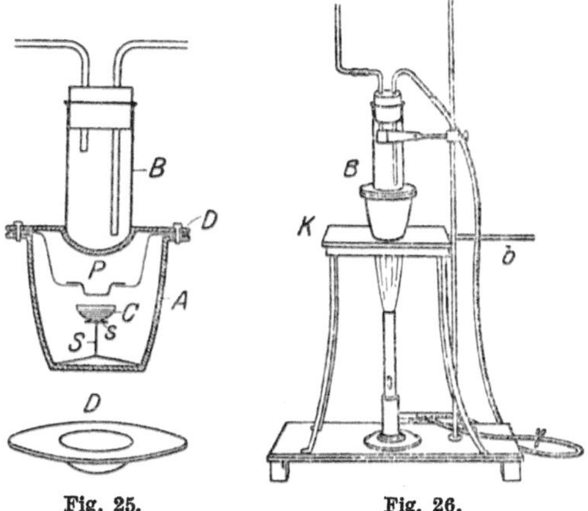

Fig. 25. Fig. 26.

Den größten Teil dieser Substanz, der indessen nicht mehr als 3 mg Fluor enthalten sollte, bringt man in einen kleinen Platintiegel von 9—10 ccm Fassungsvermögen, der ebenso eingerichtet ist wie der eben beschriebene Goldtiegel; nur wird das Schüsselchen nicht mit KOH, sondern mit 2,5—3 g grobgepulvertem, mit Wasser befeuchtetem, stark

*) Bezüglich einer etwaigen Verunreinigung der zu zersetzenden Substanz mit Bariumborat s. S. 81, 86 u. 89. Das Borat wird aus dem erst erhaltenen Niederschlag durch Auswaschen mit Bariumchloridlösung und 65 proz. Alkohol entfernt.

bleihaltigem (etwa 42% Pb) Flintglas*) beschickt, und in das Schälchen C kommen nur 0,2—0,3 g reine Schwefelsäure. Auch die weitere Behandlung des Tiegels geschieht wie oben; doch erhitzt man danach den verschlossenen Tiegel diesmal 5 Stunden auf 140°.

Der entwickelte Fluorwasserstoff wird durch die Basen des Flintglases gebunden. Einen Maßstab für dessen Menge gibt, bei Verwendung eines bestimmten Glases, die Menge des gebildeten Bleifluorids; man ermittelt sie wie folgt: Um zunächst jede mögliche Spur von Bleichlorid oder -nitrat von den Flintglassplittern zu entfernen, werden diese mit etwas 85proz. kochendem Alkohol gewaschen. Nach dem Trocknen behandelt man das Flintglas auf dem Wasserbade mit einer gesättigten, mit dem vierfachen Volumen Wasser verdünnten $KClO_3$-Lösung, welche das Bleifluorid löst, das Glas im übrigen aber nicht angreift, filtriert die Bleifluoridlösung von dem Glase ab, bringt deren Volumen auf 25 ccm, gibt 2—3 Tropfen einer 1 proz. Gelatinelösung hinzu und leitet einige Blasen H_2S ein. Es bildet sich kolloidales Bleisulfid, dessen Menge durch Vergleich mit einer Beinitratlösung von bekanntem Gehalt, welche in derselben Weise behandelt wird, kolorimetrisch leicht bestimmt werden kann.

Um die so gefundenen Bleimengen in die entsprechenden Fluormengen umrechnen zu können, benutzt man Koeffizienten Pb : F, deren Wert für verschiedene Fluormengen leicht bestimmt werden kann. Man erfährt sie, indem man von bekannten Mengen Fluorkalzium ausgeht und diese in Mischung mit Bariumsulfat unter den Bedingungen des Hauptversuchs neben Flintglas durch Schwefelsäure zersetzt, also in Bleifluorid überführt, und wie im Hauptversuch als Bleisulfid kolorimetrisch bestimmt.

So haben Gautier und Clausmann für Fluormengen von

	0,05	0,10	0,30	0,50	0,65	1,00	1,5	2,0 mg
die Koeffizienten	1,14	1,39	1,72	2,21	2,38	2,51	2,50	2,57

gefunden, also bei mehr als 1 mg den fast konstanten Wert 2,53.

Durch diese Koeffizienten muß die gefundene Bleimenge in jedem Falle dividiert werden (z. B. gefunden Blei = 5,02 mg, also $F = \frac{5,02}{2,53}$ = rund 2,0 mg).

Anstatt aus dem erstgewonnenen Alkalifluorid Fluorwasserstoff und mit dessen Hilfe auf Bleiglas Bleifluorid zu erzeugen, dann dessen Menge kolorimetrisch zu bestimmen, benutzt Steiger (s. o. die Einleitung zu diesem Abschnitt, S. 81) jenes Alkalifluorid, um es einer Titanisulfat-Wasserstoffsuperoxydlösung zuzusetzen, deren Färbung schon durch so kleine Mengen Alkalifluorid wie 2—3 mg meßbar vermindert wird. Er vergleicht die Intensität der Färbung der fluorhaltigen Lösung nach Zugabe von Titanisulfat und Wasserstoffsuperoxyd mit derjenigen einer an Titanisulfat und Wasserstoffsuperoxyd gleich konzentrierten, aber fluorfreien Lösung; das Verhältnis beider Intensitäten erlaubt einen Rückschluß auf den Fluorgehalt.

Mit Hilfe dieser und ähnlicher Verfahren ist es gelungen, zu beweisen, daß das Fluor nicht bloß ein Bestandteil nahezu aller Urgesteine, der

*) Gautier und Clausmann benutzten Flintglas der Fabrik Para-Mantois.

Ausströmungen des Erdinnern[74]) (z. B. Fumarolen des Vesuvs 0,11 mg F im L), fast jeden Fluß- und Quellwassers, aller Mineralwässer[23]) [75]) (0,15—6,32 mg pro Liter) und des Meerwassers (etwa 0,33 mg pro Liter) ist, sondern sich auch in fast allen tierischen Organen und Geweben findet; teils sichert und vervollständigt es in diesen die Bindung von Phosphor in der stickstoffhaltigen Substanz der Zelle, teils ist es in mineralischer Form, vor allem wohl in Form von Fluophosphaten (Apatit), gebunden[69]).

Die folgende Tabelle mag eine kleine Übersicht geben[73]):

Auf 100 000 Teile des Organs finden sich in

Zahnschmelz	180—118 Teile F		Blut	4,4—2,5	Teile F
Diaphysenteile der Knochen	87—56	„ „	Hoden	4,2—3,3	„ „
Epidermis	16,4	„ „	Gehirn	3	„ „
Harn	19,7—13	„ „	Knorpeln	1,5—0,3	„ „
Thymusdrüse	11—4	„ „	Sehnen	0,35	„ „
Hörner u. Federkiele	5—2	„ „	Muskeln	0,6—0,15	„ „

Durch den Harn des Menschen werden pro Tag 0,23 mg, durch die Fäzes 0,8 mg ausgeschieden.

Dementsprechend häufig findet sich das Fluor auch in Nahrungsmitteln[24]), weshalb bei diesen zur Bestimmung eines unerlaubten Fluoridzusatzes stets eine Bestimmung der Menge erforderlich ist.

Das Fluor verunreinigt aber auch manche unserer Reagenzien[25]); so ist die Salpetersäure aus Chilesalpeter stets fluorhaltig; häufig fluorhaltig sind die Karbonate des Natriums, Kaliums und Ammoniums. Salzsäure und Schwefelsäure sind meist fluorfrei.

B. Bestimmung größerer Fluormengen (über etwa 3 mg).

Zur Bestimmung größerer Fluormengen stehen neben anderen[38]) vor allem die folgenden Verfahren zur Verfügung:

a) Niederschlagsverfahren: Das Fluor wird aus seiner Lösung als Kalziumfluorid (CaF_2), Bariumfluorid[200]) (BaF_2) oder Bleichlorofluorid[92]) ($PbClF$) abgeschieden und gewogen.

b) Absorptionsverfahren: Das Fluor wird aus der trockenen Substanz als Siliziumtetrafluorid (SiF_4) ausgetrieben und in einem geeigneten Mittel absorbiert, dann direkt oder als Kaliumsilikofluorid gewogen*) oder titrimetrisch bestimmt[34]) [105]) [283]).

c) Gasometrisches Verfahren: Das wie bei b) entwickelte Siliziumtetrafluorid wird direkt gemessen**) [103]) [170]).

---

*) Zu den nicht berücksichtigten Verfahren gehören vor allem die direkte Bestimmung des Fluors als Kaliumsilikofluorid K_2SiF_6, welche bei einer praktisch reinen Kieselflußsäurelösung auch in Gegenwart von wenig Schwefelsäure anwendbar ist, und das sog. Restverfahren, bei welchem aus einem gewogenen Apparat das Fluor in Form von Siliziumtetrafluorid ausgetrieben und dann der Gewichtsverlust des Apparates bestimmt wird. Siehe auch den vorausgehenden Abschnitt A.

**) Bezüglich der direkten Wägung s. u.

d) Titrimetrisches Verfahren: Das Fluorion wird in einer neutralen Lösung mit größerem Gehalt an NaCl durch Zugabe von Ferrichloridlösung in unlösliches Natriumferrifluorid (Na_3FeF_6) verwandelt; ein Überschuß an Ferrichlorid wird durch einen Zusatz von Rhodankali nebst etwas Alkohol und Äther kenntlich gemacht[85]).

Für die Wahl des Bestimmungsverfahrens gelten etwa die folgenden Gesichtspunkte:

1. Wenn das Fluor so in Lösung zu bringen ist, daß diese praktisch nur Alkalifluorid und daneben keine anderen durch Erdalkali fällbaren, schädlichen Ionen enthält (PO_4''', AsO_4''', SbO_3', WO_4'', MoO_4'', TiO_3'', ZrO_3'', Th'''', VO_3' usw.), so kann es beliebig durch eines der Niederschlagsverfahren oder titrimetrisch bestimmt werden. Enthält die Lösung neben Alkalifluorid auch Alkalisulfat, so ist die Bestimmung des Fluors als Bleichlorofluorid ausgeschlossen. Diejenige als Kalzium- und Bariumfluorid sowie das titrimetrische Verfahren bleiben weiter möglich, werden bei größeren Mengen von Alkalisulfat aber immer ungenauer. Enthält die Lösung Borsäure, so kann das Fluor als Kalzium- oder Bariumfluorid gefällt werden, weil diese Salze im weiteren Verlauf der Analyse mit sauren Kalzium- bezw. Bariumazetatlösungen behandelt und dadurch von ihrem etwaigen Gehalt an Borsäure befreit werden.

Als Kalziumfluorid oder Bariumfluorid läßt sich deshalb das Fluor aus den meisten fluorhaltigen Silikaten abscheiden und zur Wägung bringen.

Das titrimetrische Verfahren hat, wie dies bei derartigen Verfahren häufig der Fall ist, der gewichtsanalytischen Bestimmung gegenüber nur dann einen Vorzug, wenn gleichartige Bestimmungen in größerer Zahl gemacht werden müssen.

2. Wenn die Herstellung einer reinen Alkalifluoridlösung Schwierigkeiten macht (z. B. bei Gegenwart der obengenannten Ionen), so führt meist, und häufig allein, die Abscheidung des Fluors als Siliziumtetrafluorid zum Ziel (Absorptions- und gasometrisches Verfahren). Das Fluor muß aber hierfür in Form eines durch Schwefelsäure vollständig zersetzbaren Fluorids (nicht etwa z. B. AsF_3, BF_3, AlF_3), am besten in Form von Erdalkalifluorid, vorliegen; wenn dies nicht der Fall ist, muß es an Erdalkali gebunden und von anderen schädlichen Erdalkalisalzen (z. B. Karbonat, Borat) möglichst befreit werden. Stets hat man sich durch einen Vorversuch zu überzeugen, daß die Zersetzung des Fluorids durch Schwefelsäure unter den Bedingungen der Analyse vollständig wird, indem man den ungelöst gebliebenen Rückstand sammelt, mit Natriumkarbonat aufschließt, auf Erdalkalifluorid verarbeitet und dieses in der unter „Qualitativ a)“ geschilderten Weise nach dem Ätzverfahren auf Fluor prüft.

Am sichersten ist es, das Siliziumtetrafluorid so zu absorbieren, daß es direkt gewogen werden kann. Dessen Bestimmung als Kaliumsilikofluorid[26]) [35]) ist weniger genau und bringt einen Vorteil höchstens dann, wenn die Gegenwart von Kohlensäure in der Substanz anderenfalls erst eine Aufbereitung nötig machen würde; dessen titrimetrische Bestimmung[105]) erspart einige Wägungen und ist etwas bequemer, nimmt aber trotzdem mehr Zeit in Anspruch als die einfache Wägung. Die gasometrische Bestimmung wird man vor allem da verwenden, wo Bestimmungen in größerer Zahl und an gleichartig zusammengesetzten Substanzen gemacht werden müssen.

Es dürfte unter diesen Umständen genügen, wenn im folgenden von den Niederschlagsverfahren nur die Bestimmung des Fluors als Kalziumfluorid und das Absorptionsverfahren genauer beschrieben werden. Bezüglich der übrigen Verfahren muß auf die Originalliteratur und die analytischen Lehrbücher verwiesen werden.

a) Niederschlagsverfahren: Fällung des Fluors als Kalziumfluorid CaF_2 *).

Nur in den seltensten Fällen wird es möglich sein, die für diese Bestimmung nötige Alkalifluoridlösung durch einfaches Auflösen des Fluorids in Wasser und Zugabe von Alkali, Alkalikarbonat oder anderer geeigneter Reagenzien zur Entfernung des fremden Kations zu erhalten. Wenn dem aber so ist, wie z. B. bei den Arsenfluoriden, welche heiß durch Schwefelwasserstoff zersetzt werden können, so ist zu beachten, daß keine saure, fluorhaltige, wässerige Lösung eingedampft oder anders, als am Rückflußkühler erhitzt werden darf, wenn sie nicht Fluorwasserstoff oder Kieselfluorwasserstoff verlieren soll. Es gilt dies für mineralsaure Lösungen so gut wie für essigsaure Lösungen. Derartige Fluorverluste werden auch durch Zugabe von Ammoniak nicht gänzlich verhindert; sie bleiben nur dann aus, wenn das Fluor an fixe Alkalien gebunden ist**).

In der überwiegenden Zahl der Fälle wird es sich um Fluoride bzw. fluoridhaltige Gemische handeln, welche in Wasser praktisch unlöslich sind (z. B. die Erdalkalifluoride und die meisten Schwermetallfluoride, manche Silikofluoride, die Silikate, Emaillen, Gläser) oder durch Wasser und wässerige Reagenzien nur schwer oder unvollständig zersetzt werden (z. B. viele komplexe Schwermetallfluoride und Fluoride mancher Erdsäuren und Erden). Man kommt dann meist durch einen Aufschluß der Ausgangssubstanz oder ihres unlöslichen Rückstandes mit Alkalikarbonat zum Ziel.

Im folgenden wird deshalb als Vorbild der besonders häufige Fall behandelt werden, daß ein fluorhaltiges Silikat vorliegt, welches sich mit Alkalikarbonat in der gewünschten Weise, d. h. so aufschließen läßt, daß beim Auskochen der Schmelze mit Wasser zunächst eine kieselsäurehaltige Alkalifluoridlösung erhalten wird, aus welcher allein

---

*) Das Verfahren stammt von Berzelius (1818) und ist von H. Rose weitergebildet worden; siehe des letzteren „Ausführliches Handbuch der analytischen Chemie".

**) Wesentliche Verluste treten auch dann nicht ein, wenn schwach essigsaure, praktisch fluorfreie Lösungen neben den unlöslichen, geglühten Erdalkalifluoriden verdampft werden.

durch Abscheidung der Kieselsäure eine reine Alkalifluoridlösung zu erzielen ist. Ist das letztere nicht möglich, wie z. B. meist bei Gegenwart von Fluoriden der Erdsäuren, so ist in jedem neuen Fall erst eine qualitative Untersuchung zur Ermittlung des besten Weges erforderlich, welcher zu der gewünschten Alkalifluoridlösung führt; manchmal wird sich der Weg so schwierig erweisen, daß man sich, auf das Niederschlagsverfahren verzichtend, lieber dem Absorptionsverfahren zuwendet.

α) Aufschluß eines fluorhaltigen Silikates. Fluorarme Silikate werden in einem bedeckten Platintiegel ohne weiteres mit 4 Teilen Kaliumnatriumkarbonat geschmolzen, fluorreiche erst mit 2—2$^1/_2$ Teilen reiner geglühter und gewogener Kieselsäure gemischt und dann mit 6 Teilen Kaliumnatriumkarbonat geschmolzen. Der Zusatz von Kieselsäure bei fluorreichen Silikaten ist nötig, weil manche Fluoride, wie z. B. das Kalziumfluorid, durch Alkalikarbonat allein nur unvollständig aufgeschlossen werden.

Beim Schmelzen setzt eine starke Kohlensäureentwicklung ein, um derentwillen die Temperatur nicht zu schnell gesteigert werden darf; man erhitzt bis zu starker Rotglut und hält diese Temperatur etwa $^1/_2$ Stunde lang; oder man richtet sich nach der Kohlensäureentwicklung, und hört mit dem Erhitzen auf, wenn diese völlig beendet ist. Stärkeres Erhitzen, z. B. mit einem Gebläse, kann leicht zu Verlusten an Alkalifluoriddampf führen. Die erst dünnflüssige Schmelze wird während des Erhitzens zähflüssig, unter Umständen auch teigig fest.

Der Tiegel mit der erkalteten Masse wird in einem Becherglas mit Wasser ausgelaugt und damit aufgekocht (ist die Masse durch Manganat etwas grün gefärbt, so fügt man dem Wasser etwas Alkohol zu). Der unlösliche Rückstand wird abfiltriert und mit heißem Wasser gründlich gewaschen. Die Lösung enthält das Alkalifluorid neben viel Alkalikarbonat und -silikat, evtl. auch Aluminat, Borat u. a.

β) Behandlung der Lösung. Um aus der Lösung die Kieselsäure und das Aluminiumhydroxyd abzuscheiden, beseitigt man zunächst die Hauptmenge des Alkalikarbonats, indem man erst einige Tropfen Methylorangelösung und dann langsam so viel Chlorwasserstoffsäure zugibt, daß die Lösung eben noch alkalisch bleibt, und fügt dann etwa 4 g festes Ammoniumkarbonat hinzu. Die Lösung wird 1—2 Stunden lang auf dem Wasserbade unter einem Uhrglase auf etwa 40° erwärmt und bleibt dann über Nacht stehen. Die während der Nacht ausgeschiedenen Flöckchen werden abfiltriert und mit ammonkarbonathaltigem Wasser gewaschen. Die nun in der Lösung noch verbliebene geringe Menge Kieselsäure wird durch 2 ccm einer Auflösung von käuflichem, chemisch reinem Zinkoxyd in Ammoniumkarbonatlösung*) entfernt (auf 0,1 g Kieselsäure ge-

*) 0,5 g ZnO in 9 ccm einer etwa 10 proz. Lösung von Ammonkarbonat (käufl.) und 3 ccm Ammoniak (20 proz.). Anstatt käufliches Zinkoxyd in Ammonkarbonat zu lösen, kann man auch feuchtes, aus Chlorzinklösung mit Kalilauge frisch gefälltes und mit Wasser ausgewaschenes Zinkoxyd in kohlensäurefreiem Ammoniak auflösen.

nügen 0,01 g ZnO). Man erhitzt bzw. verdampft nach deren Zugabe die Lösung in einer Platinschale, bis der Geruch nach Ammoniak verschwunden ist. (Da beim Erwärmen der Lösung infolge der Zersetzung des Ammonkarbonats eine starke Kohlensäureentwicklung eintritt, ist die Platinschale zunächst bedeckt zu halten.) Durch die Zinkoxydlösung wird der Rest der Kieselsäure als Zinksilikat, gemengt mit überschüssigem Zinkoxyd und -karbonat, gefällt; der kieselsäurehaltige Niederschlag wird abfiltriert und mit reinem heißen Wasser gewaschen.

γ) Fällung von Kalziumfluorid. Das Filtrat, welches Fluorid, Chlorid und Karbonat enthält, wird zum Sieden erhitzt und mit überschüssiger Kalziumchloridlösung gefällt. Der Niederschlag besteht aus Kalziumfluorid und -karbonat und ist seines Karbonatgehaltes wegen leicht zu filtrieren. (Da sich reines Kalziumfluorid nur unvollständig fällen und sehr schlecht abfiltrieren läßt, gibt man alkalikarbonatfreien Fluoridlösungen vor der Fällung mit Kalziumchlorid erst 1 ccm $^2/_1$ n-Sodalösung zu.)

Der Niederschlag wird auf einem kleinen Filter heiß abfiltriert und mit möglichst wenig heißem Wasser chlorfrei gewaschen. Die Filtrate werden gesammelt und ihr Volumen gemessen. Nach dem Trocknen wird der Niederschlag auf Glanzpapier vom Filter soweit als möglich abgelöst. Das Filter wird in einem gewogenen größeren Platintiegel verascht; zu der Asche wird der Niederschlag hinzugegeben und bei aufgelegtem Deckel etwa 10 Minuten geglüht.

Das gesonderte Veraschen von Filter und Niederschlag ist deshalb nötig, weil das Kalziumfluorid durch die aus dem Filter entwickelten Gase nicht bloß leicht fortgerissen wird, sondern durch Wasserdampf bei Rotglut allmählich auch hydrolytisch gespalten wird; deshalb ist auch eine direkte Berührung des glühenden Fluorids mit den Flammengasen und unnötig langes Glühen zu vermeiden[263]).

Nach dem Erkalten wird der Tiegelinhalt mit einem Uhrglas bedeckt und nun mit so viel verdünnter Essigsäure übergossen, daß bei neuem Zusatz eben kein Aufbrausen mehr zu sehen ist. Bei solchem Zusatz wird das Kalziumkarbonat zersetzt, das Fluorid aber nicht angegriffen. Der Tiegelinhalt wird im Wasserbade zur Trockne verdampft, der Rückstand mit heißem Wasser behandelt und genau wie vorher abfiltriert und ausgewaschen. (Hierbei geht auch evtl. vorhandenes Kalziumborat in Lösung; doch tut man gut, das wie oben geglühte borathaltige Fluorid vor dem Auslaugen mit Essigsäure aufs feinste zu zerreiben.)

Die Waschwässer werden gesammelt und gemessen. Der Niederschlag wird getrocknet und dann wieder vom Filter getrennt, das Filter wird in den zuvor gebrauchten Platintiegel zurückgebracht und verascht, der Niederschlag zugegeben und geglüht.

Die gefundene Menge Kalziumfluorid ist um einige Zehntel Prozent kleiner, als der ursprünglich vorhanden gewesenen nach zu erwarten gewesen wäre. Es liegt dies vor allem an der nicht zu vernachlässigenden Löslichkeit des Kalziumfluorids in der Ausgangslösung und in den Waschwässern, deren wahrer Betrag natürlich immer unbekannt bleibt, nach den Erfahrungen des Verfassers aber am besten in der Form berücksichtigt wird, daß man für je 100 ccm Mutterlauge und Waschwasser je 0,0016 g CaF_2 in Rechnung stellt.

Die gewogene Kalziumfluoridmenge, vermehrt um diesen Betrag, ergibt, mit dem Faktor 0,4870 multipliziert, die Menge Fluor in der Ausgangssubstanz; Voraussetzung dabei ist natürlich, daß das gewogene Kalziumfluorid auch rein ist.

Zur Kontrolle raucht man das Kalziumfluorid nach dem Wägen in der Schale mit möglichst wenig überschüssiger Schwefelsäure sorgsam ab, glüht schwach und wägt das Kalziumsulfat. 1 g CaF_2 bzw. 0,4870 g Fluor liefern dabei 1,7443 g $CaSO_4$; die festgestellte Gewichtsdifferenz multipliziert mit $\frac{0{,}4870}{(1{,}7443-1{,}0000)} = 0{,}6543$ ergibt somit die Menge Fluor in der Ausgangssubstanz.

Das Abrauchen des gewogenen Fluorids mit Schwefelsäure ist zur Ermittlung seines wahren Fluorgehaltes nicht bloß Kontrolle, sondern Bedingung, sobald die Ausgangssubstanz Schwefelsäure enthält, so daß das Fluorid durch Sulfat verunreinigt ist.

Enthält das Fluorid Phosphat, dann ist auch eine Bestimmung nach dem Differenzverfahren nicht möglich. Das Fluor muß in dem abgeschiedenen Fluorid vielmehr nach dem Absorptionsverfahren bestimmt werden, oder aber es muß die Phosphorsäure nach dem Aufschluß aus der jetzt mit Salpetersäure genau neutralisierten, evtl. auch von Kieselsäure befreiten Lösung mit Silbernitrat abgeschieden und danach das überschüssige Silber aus der Lösung mit Natriumchlorid entfernt werden, worauf dann das Kalziumfluorid zusammen mit Kalziumkarbonat wie oben beschrieben gefällt werden kann[284]).

b) Absorptionsverfahren: Entwicklung des Fluors als Siliziumtetrafluorid.

Das Absorptionsverfahren beruht darauf, wie schon oben bemerkt, daß die meisten Fluoride, vor allem die Erdalkalifluoride, ihr Fluor beim Erhitzen mit Kieselsäure und konz. Schwefelsäure vollständig als Fluorsilizium abgeben, und daß dieses aufgefangen und gewogen oder titrimetrisch bestimmt wird. Das Verfahren bildet in sehr vielen Fällen eine wertvolle Ergänzung des zuvor beschriebenen; denn oft ist es schwierig oder unmöglich, das Erdalkalifluorid durch Aufschluß der Ausgangssubstanz und nachfolgende Fällung (siehe oben) von fremden Oxyden oder Salzen so frei zu erhalten, daß dessen einfache Wägung eine Fluorbestimmung ermöglicht. Die Zersetzung des unrein abgeschiedenen und geglühten Erdalkalifluorids mit Schwefelsäure in Gegenwart von Kieselsäure und Bestimmung des entwickelten Siliziumtetrafluorids wird in solchen Fällen fast immer zum Ziele führen.

Die Gefahr, daß die verwendete Schwefelsäure wasserhaltig oder durch Staubteilchen verunreinigt ist und im letzteren Fall unter Entwicklung von Schwefeldioxyd reduziert wird, oder daß die Ausgangssubstanz von Kohlensäure oder Salzsäure nicht vollständig frei ist, die Empfindlichkeit des Siliziumtetrafluorids gegen Feuchtigkeit und endlich der Umstand, daß die Siliziumtetrafluoridbildung in einer bis heute noch nicht geklärten Weise von der Qualität der Kieselsäure abhängig ist, erschweren die Ausführung des Verfahrens und haben die Entstehung einer verhältnismäßig umfangreichen Literatur zu demselben veranlaßt*)[38] [67] [306]). Das Verfahren ist aber allmählich so weit durchgearbeitet worden, daß es heute einen sicheren Ersatz für die Niederschlagsverfahren bildet, wo diese versagen. Natürlich sind dabei die Arbeitsvorschriften aufs peinlichste innezuhalten. Auch hat man sich zuvor durch Vorversuche zu überzeugen, daß eine vollständige Zersetzung der Substanz unter den bei der Ausführung der Analyse innezuhaltenden Bedingungen erreichbar ist. Jeder Neuling wird gut tun, sich durch die Analyse von reinem Kalziumfluorid von der Brauchbarkeit des Verfahrens zu überzeugen und für dessen Ausführung einige Übung zu verschaffen.

Das Verfahren wird im nachstehenden deshalb ausführlich beschrieben, und zwar einerseits in der von Wöhler-Fresenius-Daniel entwickelten Ausführungsform (mit einigen Änderungen in der Apparatur, welche sich im Laufe der Zeit als zweckmäßig erwiesen haben), bei welcher das Siliziumtetrafluorid gewogen wird, andererseits in der von Penfield-Treadwell und Koch [283]) [284]) beschriebenen, bei welcher das Siliziumtetrafluorid titrimetrisch bestimmt wird.

Das zweite Verfahren nimmt etwas mehr Zeit in Anspruch als das erste; dafür ist der Apparat ein wenig einfacher und die Ausführung etwas bequemer. Das erste Verfahren ist um einige Zufälligkeiten, welche das Ergebnis beeinflussen können, ärmer und dabei insofern einwandfreier, als es etwas zu kleine Werte liefert, wie von allen auf die Entwicklung von Siliziumtetrafluorid gegründeten Verfahren zu erwarten sein sollte**), während das zweite Verfahren etwas zu hohe Werte gibt.

α) Verfahren Wöhler-Fresenius-Daniel. Der Apparat besteht einerseits aus dem Zersetzungssystem *a—g*, andererseits dem Absorptionssystem *h—m*. (Fig. 27 und 28 — letztere als Sonderzeichnung für *e* und *f*).

Das Zersetzungssystem enthält zunächst als wichtigsten Bestandteil den Zersetzungskolben *e*, von dem am besten immer zwei Stück (eins zum Ersatz) vorrätig zu halten sind. Es ist ein Glaskolben mit sauberem Schliff von etwa 150 ccm Inhalt, dessen untere Hälfte zum Schutz

---

*) Das Verfahren stammt von Wöhler. Eine spätere Bearbeitung mit wertvollen Hinweisen über die Vermeidung der Fehlerquellen stammt von Daniel; daselbst findet sich auch eine ziemlich vollständige Zusammenstellung der einschlägigen Literatur bis 1904.

**) Wegen der Löslichkeit des Fluorids in Schwefelsäure.

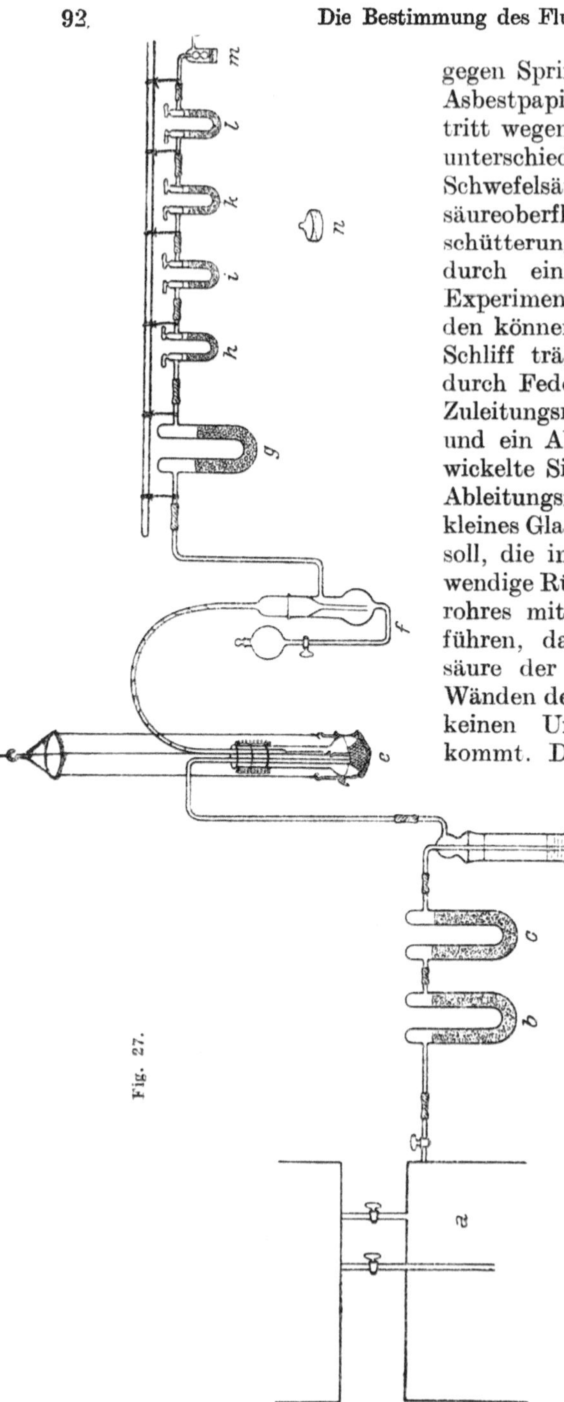

Fig. 27.

gegen Springen halbkugelförmig mit Asbestpapier belegt ist. Das Springen tritt wegen des großen Temperaturunterschieds zwischen Glas und Schwefelsäure am Rand der Schwefelsäureoberfläche bei Luftzug und Erschütterung, wie sie allein schon durch eine rasche Bewegung des Experimentierenden veranlaßt werden können, überaus leicht ein. Der Schliff trägt einen Stopfen, welcher durch Federn festgehalten wird, ein Zuleitungsrohr für reine trockene Luft und ein Ableitungsrohr für das entwickelte Siliziumtetrafluorid; an das Ableitungsrohr angeschmolzen ist ein kleines Glasstäbchen, das dazu dienen soll, die im Laufe der Analyse notwendige Rückspülung des Ableitungsrohres mit Schwefelsäure so auszuführen, daß die kältere Schwefelsäure der Vorlage mit den heißen Wänden des Zersetzungsgefäßes unter keinen Umständen in Berührung kommt. Der Kolben ist, wie auf der Zeichnung zu sehen ist, in einem Drahtnetz an dem Ring eines Stativs aufgehängt; unter dasselbe stellt man für den Fall, daß ein Springen des Kolbens eintritt, eine größere Porzellanschale.

Das Ableitungsrohr aus dem Zersetzungskolben führt direkt in die Vorlage *f* und ist beim Eintritt in diese etwas erweitert. Das Rohr wird bis etwa 1 cm über seiner Erweiterung mit Asbestschnur umwunden, damit sich die durch dasselbe destillierende

Schwefelsäure erst in der Erweiterung verdichtet. Die Erweiterung dient dazu, ein ungewolltes Rücksteigen der Schwefelsäure aus der Vorlage in den Zersetzungskolben zu verhindern. Demselben Zweck dient auch das an die Vorlage angeschmolzene Trichterchen; es hat den Vorrat an Schwefelsäure aufzunehmen, welcher zur Rückspülung des Ableitungsrohres Verwendung finden soll. Der Vorlage folgt noch ein größeres, mit gut getrockneten und mit etwa 3 ccm Schwefelsäure befeuchteten Glasperlen gefülltes U-Rohr *g*. Die weiter gezeichneten Rohre gehören bereits zum Absorptionssystem. Die Luft, welche dem Zersetzungskolben zugeführt werden muß, wird einem, am besten im Freien mit reiner Luft gefüllten Gasometer *a* entnommen. Die Luft wird durch ein größeres U-Rohr mit Natronkalk *b* von CO_2 befreit, durch ein ebensolches mit Chlorkalzium *c* vorgetrocknet und durch eine Waschflasche mit konz. Schwefelsäure *d* vor dem Zersetzungskolben fertig getrocknet.

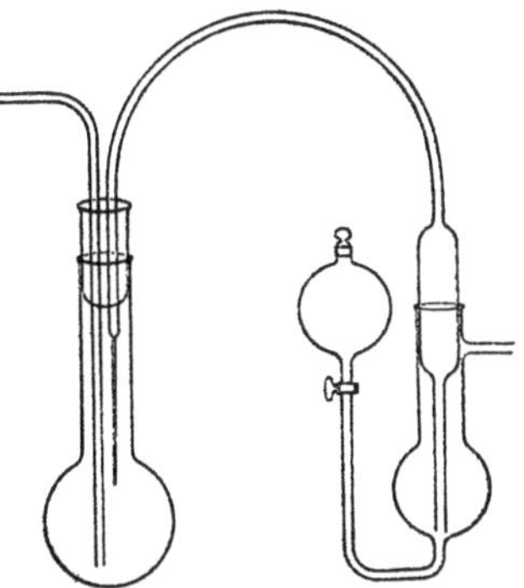

Fig. 28 (Kolben *f* in Fig. 27).

Das Absorptionssystem besteht zunächst aus einem mit Glasperlen beschickten kleineren U-Rohr *h*, dessen Perlen wie in *g* mit konz. Schwefelsäure befeuchtet sind; ihm folgt ein zweites U-Rohr *i*. Dasselbe enthält in dem dem Gasstrom zugewandten Schenkel auf einem Glaswollpfropfen, etwa 6 cm hoch, vor dem Versuch mit Wasser zu befeuchtende, oben etwas größere, unten etwas kleinere Bimssteinstückchen, in der unteren Biegung und dem zweiten Schenkel aber Natronkalk. Zur Ergänzung der Absorption folgen das Rohr *k*, welches halb mit Natronkalk und halb mit geschmolzenem Chlorkalzium gefüllt ist, und das Rohr *l*, welches wieder mit konz. Schwefelsäure benetzte Glasperlen enthält. Das letztere hat die den Absorptionsröhren etwa noch entweichende Feuchtigkeit zurückzuhalten. Den Abschluß gegen die Außenluft bildet ein kleiner, mit Schwefelsäure beschickter Blasenzähler *m*; er ist mit einer solchen Erweiterung des Einleitungsrohres versehen, daß die Schwefelsäure nicht zurücksteigen kann.

Die U-Röhren werden am besten oben durch Glasstopfen verschlossen, damit deren Neufüllung bequem möglich ist; sie werden dicht aneinander geschoben, so daß längere Kautschukverbindungen an dem Apparat vermieden werden; die Kautschukschläuche selbst sind vor dem Gebrauch auszuwaschen und durch einen Luftstrom und im Exsikkator sorgfältig zu trocknen. Gewogen werden alle vier Röhren *h*, *i*, *k* und *l*.

Erfordernisse: Reines Quarzpulver. Reine Bergkristallstücke werden in einem bedeckten Platintiegel über der Gebläseflamme zum starken Glühen erhitzt und in kaltes Wasser geworfen. Die Bruchstücke werden getrocknet und im Achatmörser fein gepulvert. Das Pulver wird geglüht, noch warm in eine trockene Flasche mit eingeschliffenem Glasstöpsel gefüllt und die offene Flasche zum Erkalten in einen Exsikkator gestellt. Nach dem Erkalten wird die Flasche geschlossen.

Glasperlen. Die Perlen werden gewaschen und getrocknet, schwach geglüht und im Exsikkator erkalten gelassen.

Wasserfreie Schwefelsäure. Chemisch reine, konz. Schwefelsäure wird in einer außen mit Asbestpapier belegten Glasretorte mit Vorlage zum Sieden erhitzt und im Sieden erhalten, bis etwa $^1/_{10}$ ihres Volumens überdestilliert ist. Die Vorlage wird gegen die Feuchtigkeit der Außenluft durch ein Phosphorpentoxydrohr geschützt.

Die zu untersuchende Substanz wird auf das feinste gepulvert, wenn möglich (Erdalkalifluoride) schwach geglüht, jedenfalls aber im Exsikkator über Phosphorpentoxyd getrocknet und aufbewahrt.

Geschmolzenes Chlorkalzium, Natronkalk und Bimsstein.

Ausführung des Versuchs: Nachdem der Kolben *e* mit seinem Ersatz und die Vorlage *f* gut getrocknet und die verschiedenen U-Röhren in der oben angegebenen Weise und unter Verwendung der eben genannten Erfordernisse so beschickt worden sind, daß das Hinzutreten von Luftfeuchtigkeit auf ein Mindestmaß beschränkt blieb, überzeugt man sich zunächst, daß die Apparatur vollkommen dicht ist und der Gasometer ordentlich gefüllt ist. Dann werden die Substanz in dem kleinen Schüsselchen *n* und etwa die zehnfache Menge Quarzpulver in einem Wägegläschen abgewogen sowie die Vorlage *f* mit etwa 15 ccm, der Kolben *e* mit etwa 50 ccm Schwefelsäure beschickt.

Damit die Schwefelsäure im Kolben *e* während des Versuchs beim Kochen keine Dämpfe abgibt, welche von dem Natronkalk der Vorlagen aufgenommen würden, wird sie zunächst ausgekocht. Man erhitzt sie unter fortwährendem Schütteln des Kolbens *e* zum lebhaften Sieden, bis im Verbindungsrohr zur Vorlage eine reichliche Kondensation von Schwefelsäure sichtbar wird. Darauf entfernt man die Flamme, stellt den Luftstrom ein und regelt ihn so, daß die Schwefelsäure in der Erweiterung der Vorlage etwa 1 cm hoch stehenbleibt; darauf läßt man den Kolben *e* etwa 10 Minuten lang abkühlen. Nun erhitzt man die Schwefelsäure nochmals zum Sieden, läßt sie wieder etwa 10 Minuten lang abkühlen, und leitet nun ziemlich rasch etwa 2 l Luft durch das ganze System.

Die Absorptionsgefäße werden abgenommen und nach 1 Stunde gewogen, während der übrige Teil des Apparates mit Gummischlauchstückchen und Glasstöpseln verschlossen unter Druck bleibt.

Die eigentliche Analyse beginnt mit dem Einfüllen des Quarzpulvers und der Substanz, nachdem man die gewogenen U-Röhren wieder angeschlossen hat. Der Zersetzungskolben *e* mit der Säure wird zu dem Zweck abgenommen und durch seinen Reservekolben so lange ersetzt, bis das Einfüllen der Substanz beendet ist. Durch einen weithalsigen Glastrichter gibt man in den abgenommenen Kolben das bereitgestellte Quarzpulver, führt dann das Glasschälchen mit der Substanz an einem zu einem Haken ausgezogenen Glasstab ein und setzt es freischwimmend auf der Oberfläche der Schwefelsäure ab. Der Reservekolben wird nun wieder durch den Kolben *e* ersetzt. Der Kolben *e* wird umgeschwenkt, so daß das Schälchen untertaucht, und mit dem Erhitzen begonnen. Man erhitzt zunächst wenig mit kleiner Flamme, dann stärker unter fortwährendem Schütteln des Apparates*), worauf sich an der Oberfläche der Schwefelsäure ein weißlicher Schaum zeigt. Nach 15 Minuten läßt man aus dem Trichterchen etwa 25 ccm Schwefelsäure in die Vorlage laufen, entfernt die Flamme vorübergehend von dem Kolben *e* und läßt nun die Schwefelsäure aus der Vorlage nach dem Zersetzungskolben zurücksteigen. Sobald sie überzulaufen beginnt, drückt man sie mit Hilfe der Gasometerluft wieder in die Vorlage zuück. Die Schwefelsäuremenge in der Vorlage ist mit obigen etwa 15 + 25 ccm so bemessen, daß von der aufsteigenden Säure höchstens 1—3 ccm überlaufen können. (Um dies mit Sicherheit zu erreichen, wird der Apparat am Trichterchen von vornherein mit entsprechenden Marken versehen.) Nun erhitzt man, ohne das Schwenken des Kölbchens zu unterlassen, so weiter, daß die Flammenhöhe des Brenners nach 20 Minuten etwa 6—7 cm beträgt, deren oberster Zentimeter aber nur den Boden des Kölbchens bestreicht. Nach Verlauf von etwa 1 Stunde bringt man die Säure mit voller Flamme zum Sieden, kocht, bis die im Kolben vorhandenen Schaumteilchen verschwunden sind, und treibt schließlich die Temperatur so hoch, daß sich Schwefelsäuredämpfe im erweiterten Teil der Vorlage verdichten. Nun wird die Flamme erst langsam verkleinert, dann ebenfalls langsam und vorsichtig (siehe oben unter α) entfernt, gleichzeitig Luft zugelassen und deren Strom so reguliert, daß die Schwefelsäure in der Vorlage etwa 1 cm über der Erweiterung stehenbleibt. Wenn das Niveau der Schwefelsäure in der Vorlage zu fallen beginnt, unterbricht man den Luftstrom, läßt aus dem Trichterchen in die Vorlage etwa 5 ccm Schwefelsäure fließen und diese aus der Vorlage nach dem Zersetzungskolben zurücksteigen, aber wieder nur so weit, daß nur 1—3 ccm in den Zersetzungskolben gelangen. Alsdann erhitzt man den Zersetzungskolben von neuem, bringt dessen Inhalt unter Umschwenken innerhalb 10 Minuten zum Kochen, entfernt wieder die Flamme und reguliert den Luftstrom wie zuvor. Sobald die Nebel, welche in der Vorlage vorhanden sein könnten, aus dieser verschwunden sind, läßt man die Luft durch die Vorlage hindurchtreten; alsdann leitet man etwa 2 l Luft durch den ganzen Apparat, nimmt die Röhrchen *h*, *i*, *k*, *l* ab und bringt sie nach 1 Stunde zur Wägung.

Die eigentliche Zersetuung in der beschriebenen Form dauert etwa 2 Stunden. Hinzu kommt noch die Zeit für das erste Auskochen der

*) Zum Festhalten des Kolbens beim Schütteln benutzt man einen großen hölzernen Reagenzglashalter.

Schwefelsäure im Kolben e und die Zeit zum Wägen der Absorptionsapparate. Das Ergebnis liegt bei gutem Arbeiten etwa 0,2—0,3% unter dem theoretisch zu erwartenden. Dieser Betrag, der durch zwei Vorversuche mit reinem Kalziumfluorid gesondert zu ermitteln ist, wird dem gefundenen hinzugezählt.

In der vorliegenden Form ergibt das Verfahren einwandfreie Zahlen, besonders wenn man ein und dieselbe Schwefelsäure im Zersetzungskolben mehrmals verwendet und auch Quarzpulver nur nach Bedarf nachfüllt; denn auf diese Weise kann die Luftfeuchtigkeit am leichtesten von dem Apparat ferngehalten werden.

Unbedingte Voraussetzung für befriedigende Genauigkeit aber ist, daß die Ausgangssubstanz frei von Kohlensäure, Salzsäure und ähnlichen, von Natronkalk absorbierbaren Gasen ist. Sollte dies nicht der Fall sein, so muß die Substanz, wie dies in den vorausgehenden Abschnitten geschildert worden ist, erst eine entsprechende Vorbereitung erfahren.

β) Verfahren Penfield-Treadwell-Koch. Das wie beim vorhergehenden Verfahren entwickelte Fluorsilizium wird in einer 50% Alkohol enthaltenden Chlorkaliumlösung aufgefangen. Es bildet bei der Lösung Kieselfluorwasserstoffsäure, welche sich mit dem Chlorkalium zu Kieselfluorkalium und Salzsäure umsetzt:

$$H_2SiF_6 + 2\,KCl = K_2SiF_6 + 2\,HCl\,.$$

Die Salzsäure wird mit n/5 Natronlauge, unter Anwendung von Cochenille als Indikator titriert.

Der Verbrauch an Natronlauge ergibt den Gehalt der Ausgangssubstanz an Fluor, und zwar entsprechen

$$1000\text{ ccm n/5 NaOH} = {}^3/_{10}\,CaF_2 = {}^3/_5\,F\,,\ \text{bzw.}$$

$$1\text{ ccm n/5 NaOH} = 0{,}0234\text{ g }CaF_2 = 0{,}0114\text{ g F}\,.$$

Der Apparat (Fig. 28) besteht aus dem gut getrockneten Zersetzungsgefäß $A\,B$, dessen Maße besonders auf der Strecke $l\,e\,b$ denen der Zeichnung entsprechen müssen, dem mit gut getrockneten Glasperlen (siehe oben α) gefüllten, trockenen, etwa 30 cm langen U-Rohr D und den zwei Absorptionsröhren P und P_1; die Röhren P und P_1 werden während des Versuchs mit 10—15 ccm 50prozentigem, mit Chlorkalium gesättigtem Alkohol beschickt.

Erfordernisse: Neben den unter α genannten: Seesand. Der tonfreie Sand wird mit konz. Schwefelsäure ausgekocht, gewaschen und getrocknet, stark ausgeglüht und im Exsikkator erkalten gelassen.

Ausführung: Die abgewogene Probe des Fluorids wird in einem Achatmörser, den man auf schwarzes Glanzpapier stellt, mit $1^1/_2$—2 g Quarzpulver innig gemischt und dann durch den zylindrischen Schenkel A in den birnförmigen Schenkel B des Zersetzungsapparates gebracht. Man fügt nun $1^1/_2$—2 g Seesand hinzu, mischt durch Schütteln des Zersetzungsgefäßes, das man vorher vollständig getrocknet hat, und stellt die Verbindung mit der U-Röhre *D* her. Die zwei Röhren *P* und P_1 beschickt man mit je 10—15 ccm 50prozentigem, mit Chlorkalium gesättigtem Alkohol und verbindet sie mit dem Perlenrohre, wie in der Zeichnung ersichtlich. Hierauf läßt man durch das Einleitungsrohr *h* einen trockenen, kohlensäurefreien Luftstrom, im Tempo von 2—3 Blasen in der Sekunde, streichen und dann, ohne den Luftstrom zu unterbrechen, aus dem Tropftrichter *T* etwa 20 ccm der wasserfreien Schwefelsäure zu dem Gemische von Fluorid und Quarz in den Apparat fließen. Dadurch, daß die Schwefelsäure in den Apparat gelangt, während gleichzeitig Luft durch denselben streicht, wird bewirkt, daß die Schwefelsäure und der größte Teil der Mischung sofort in den birnförmigen Schenkel *B* des Zersetzungsgefäßes emporgepreßt werden. Nach dem Einfließen der Schwefelsäure stellt man das Zersetzungsgefäß in ein

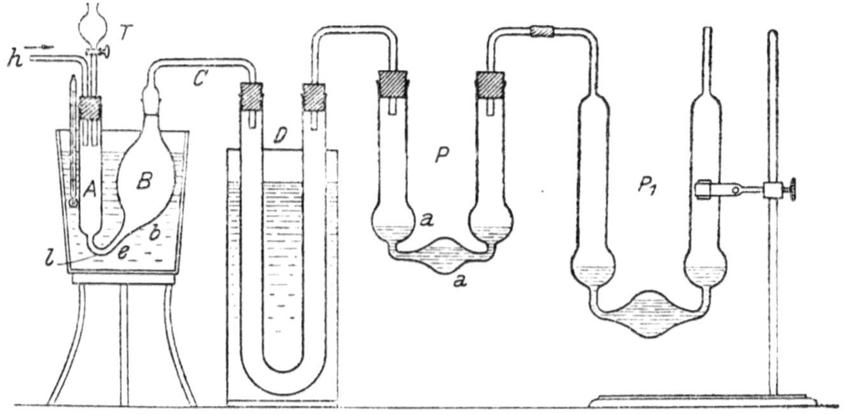

Fig. 29.

Paraffinbad, das langsam auf 130—140° C erhitzt wird. Sofort beginnt die Entwicklung von Siliziumtetrafluorid, was man an der Schaumbildung deutlich erkennen kann. Das Einleiten von Luft und Erhitzen auf 140° wird 5 Stunden lang fortgesetzt, dann die Flamme unter dem Paraffinbade abgedreht und nun noch $^1/_2$ Stunde lang Luft in etwas rascherem Tempo, etwa 3—4 Blasen pro Sekunde, durchgeleitet. Während des Erhitzens schüttle man den Zersetzungsapparat öfters, damit die Substanz recht innig mit der Schwefelsäure in Berührung kommt.

Nach $5^1/_2$ Stunden ist bei Anwendung von nicht mehr als 0,1 g Kalziumfluorid die Zersetzung beendet, was immer an dem Aufhören der Schaumbildung erkannt werden kann; nun schreitet man zur Titration der in den Röhren *P*, P_1 gebildeten Chlorwasserstoffsäure. Dieselbe geschieht in den Röhren selbst. Man versetzt die Flüssigkeit mit einigen Tropfen frischer Cochenilletinktur und läßt hierauf $^1/_5$ normale Kalilauge unter beständigem Schütteln der Röhre zufließen, bis der Umschlag der gelben Farbe in Rot eintritt. Dies ist aber lange nicht der Endpunkt der Reaktion; denn die bei *a a* ausgeschiedene gallertige

Kieselsäure schließt ganz erhebliche Mengen von Chlorwasserstoffsäure ein. Man muß daher die Kieselsäureschicht mittels eines umgebogenen Glasstabes gehörig durcharbeiten und mit dem Zusatze der $^1/_5$ normalen Kalilauge fortfahren, bis die rote Farbe der Lösung nicht mehr verschwindet.

Die gewonnenen Zahlen fallen um etwa 0,4% zu hoch aus.

IV. Übersicht und Aussicht.

1. Allgemeines.

a) Die gegenwärtig bekannten binären Fluoride.

Als Henry Moissan vor 18 Jahren sein Buch über das Fluor und dessen Verbindungen erscheinen ließ, waren verhältnismäßig wenige Fluoride genauer bekannt. Einen ungefähren Maßstab für den Stand der Kenntnis jener Zeit gibt die folgende Tabelle. Sie enthält die Formeln der bis zum Jahre 1900 analysierten Fluoride in der Ordnung des periodischen Systems; darin weggelassen sind die nur qualitativ beobachteten und erst in späteren Jahren näher untersuchten Fluoride. Links oben über der Formel ist die Siedetemperatur des Fluorids bei Atmosphärendruck (Kp_{760}), rechts unten die Schmelztemperatur verzeichnet, soweit sie damals bekannt waren.

Manche der Lücken sind inzwischen ergänzt worden. Durch eine Reihe von Verfahren, welche uns der Notwendigkeit entheben, das kostspielige und nur in verhältnismäßig kleinen Mengen erhältliche Fluor zu verwenden, ist die Darstellung des größeren Teils der noch fehlenden und eine genauere Untersuchung verschiedener bereits bekannter Fluoride möglich geworden. Es sind nur wenige Fluoride, zu deren Erzeugung das elementare Fluor auch heute noch notwendig ist (UF_6, OsF_8, PtF_4, BrF_3 und SF_6).

Bei den Metalloiden, bei welchen Tabelle I die größten Lücken zeigt, kennt man jetzt alle an Fluor gesättigten Fluoride, deren Beständigkeit erwartet werden kann; die Versuche zur Darstellung derselben haben aber auch einige neue ungesättigte Formen zutage gebracht oder unsere Kenntnis von den bekannten verbessert. Den Fluoriden der Metalle konnten das Zinn- und Zirkontetrafluorid und das Quecksilberdifluorid hinzugefügt werden; bei einigen anderen sind ungenau bekannte Zahlen durch genauere ersetzt worden.

Trotzdem bleibt noch viel zu tun. Unbekannt sind noch die an Fluor gesättigten Fluoride der meisten Platinmetalle, des Goldes und der seltenen Erdmetalle sowie diejenigen des Galliums, Indiums und Thalliums, und nur dürftig ist unser Wissen von der Mehrzahl der Fluoride der übrigen Metalle.

Tabelle II gibt von dem gegenwärtigen Stand unseres Wissens ein Bild.

Tabelle I. Die im Jahre 1900 bekannten Fluoride erster Ordnung mit Schmelztemperatur und Siedetemperatur.

Gruppe I			Gruppe II			Gruppe III			Gruppe IV		
	Sdp.	Schmp.		Sdp.	Schmp.		Sdp.	Schmp.		Sdp.	Schmp.
LiF		801	BeF_2		800	BF_3	— 100	— 127	CF_4	— 15°	
NaF		902	MgF_2	s.w.flücht.		AlF_3	fl.b.Rotgl.		SiF_4	— 90	— 77
KF		789	CaF_2		902						
CuF		908	ZnF_2	ca. 900	734						
CuF_2		zers. 480									
RbF		753	SrF_2		902						
AgF		435	CdF_2		über 1000						
CsF		dkl. Rotgl.	BaF_2		1260				CeF_4		
									CeF_3		
			HgF						PbF_2		l. schmelzb.
									ThF_4		über 900

Gruppe V			Gruppe VI			Gruppe VII			Gruppe VIII		
	Sdp.	Schmp.		Sdp.	Schmp.		Sdp.	Schmp.		Sdp.	Schmp.
PF_3	— 95	— 160	SF_6	— 62	— 56						
PF_5	— 75	— 83									
VF_3		> 800	CrF_2	> 1200	1100	MnF_2		856	FeF_2	> 1100	schmelzbar
AsF_3	63	— 8,5							NiF_2	fl.	
									CoF_2	fl.	,,
			CrF_3		> 1000	MnF_3		zerf.	FeF_3	> 1000	
SbF_3						IF_5	97				

Tabelle II. Fluoride erster Ordnung mit Siedetemperatur und Schmelztemperatur.

Gruppe I			Gruppe II			Gruppe III			Gruppe IV		
	Sdp.	Schmp.		Sdp.	Schmp.		Sdp.	Schmp.		Sdp.	Schmp.
LiF	$\sim$ 1150	870	BeF_2		$\sim$ 800	BF_3	— 100	— 127	CF_4	— 15	
NaF		1040	MgF_2		908	AlF_3	hell.Rotgl.		SiF_4	— 90	—77
KF		885	CaF_2		1398				TiF_4	284	
RbF		833	SrF_2		1190				TiF_3		
CsF		715	BaF_2		1280				ZrF_4	Rotglut	
CuF_2		zers.	ZnF_2	> 800	872				CeF_4		zers.
CuF		$\sim$ 908	CdF_2	> 1200	1100				CeF_3		
Ag_2F		zers.	HgF_2	$\sim$ 650	645	TlF	subl.		ThF_4	> 1000	> 900
AgF	$\sim$ 1150	435	HgF	zers.	570				GeF_4	< 300	
									SnF_4	705	
									PbF_2		855

Gruppe V			Gruppe VI			Gruppe VII			Gruppe VIII		
	Sdp.	Schmp.		Sdp.	Schmp.		Sdp.	Schmp.		Sdp.	Schmp.
PF_5	— 75	— 83				F_2	— 187	— 233			
PF_3	— 95	— 160	SF_6	— 62	— 56				FeF_3	> 1000	
AsF_5	— 53	— 80	SeF_6	— 39	— 34				FeF_2	> 1000	
AsF_3	63	— 8,5	TeF_6	35	— 36	BrF_3	$\sim$ 130	5	NiF_2	Rotglut	
SbF_3	319	292	CrF_3	> 1100	> 1000				CoF_3		zers.
SbF_5	150	6	CrF_2	> 1200	$\sim$ 1100	JF_5	97	8	CoF_2		schmelzb.
BiF_3			MoF_6	35	17				OsF_8	47	34
VF_5	111	> 200	WF_6	19	3	MnF_3		zers.	OsF_6	$\sim$ 203	> 50
VF_4		> 325 zers.	UF_6	56	69	MnF_2		856	OsF_4		
VF_3	hell.Rotgl.	> 800	UF_4						PtF_4	zers.	Rotglut
NbF_5	236	73									
TaF_5	229	97									

b) Flüchtigkeit *).

Was in Tabelle II zunächst auffällt, sind die gewaltigen Unterschiede in der Flüchtigkeit der Metallfluoride. Auf der einen Seite stehen Fluoride von relativ leicht flüchtigen Metallen, welche erst bei heller Rotglut verdampfen (z. B. Alkalifluoride), auf der anderen solche von ungemein schwer flüchtigen, welche schon bei Zimmertemperatur oder wenig darüber vergasen (z. B. UF_6). Man erkennt ohne weiteres, daß leicht flüchtige Fluoride nur bei den Elementen auf der rechten Seite der Tabelle und bei möglichst voller Entwicklung der durch die Gruppennummer bestimmten Valenzzahl gefunden werden.

Der Übergang von den leichter flüchtigen zu den schwerer flüchtigen Fluoriden vollzieht sich sprunghaft, so daß man ohne Bedenken rechts vom BeF_2, AlF_3, TiF_4, SnF_4, BiF_3 eine Grenzlinie ziehen kann, die sie scheidet — eine Grenzlinie, welche auch die Metalle der Untergruppen rechts läßt, aber sonst mit derjenigen zusammenfällt, welche man zwischen Metallen und Metalloiden zu ziehen pflegt. Sie hat gegenüber der älteren Linie den Vorzug, daß ihr Bestimmungswert bei fast allen Elementen der rechten Seite zahlenmäßig festzustellen ist. Nur beim Chrom und Mangan sind die binären Fluoride der für den Vergleich nötigen Wertigkeitsstufen so unbeständig, daß sich genaue zahlenmäßige Angaben nicht machen lassen. Die Flüchtigkeit der Chrom- und Manganfluoride, welche aus Fluorsulfonsäure und Kaliumdichromat bzw. -permanganat gebildet werden, beseitigt aber auch hier jeden Zweifel an der Gruppenzugehörigkeit.

Soweit man neben den höchsten Fluorierungsstufen auch niedrigere kennt, z. B. OsF_4, UF_4, WF_4, VF_3, sind diese mit alleiniger Ausnahme des PF_3 weniger flüchtig. Reste positiver Valenz**) scheinen also die Flüchtigkeit der Fluoridmoleküle erheblich zu beeinträchtigen, eine möglichst volle Belastung mit negativer sie zu begünstigen. Damit stimmte auch Moissans Feststellung, daß die Fluoride der Metalloide leichter flüchtig sind als die Chloride. Es stimmte damit ohne weiteres aber nicht auch die andere, daß bei den Metallen die Chloride flüchtiger sind als die Fluoride; denn wenn unter sonst gleichen Verhältnissen negativere Belastung die Flüchtigkeit fördert, müßten auch die Metallfluoride flüchtiger sein als die Chloride. Es scheint danach, als ob die Flüchtigkeit der Fluoride weniger an die negative Gesamtbelastung der Moleküle als an einen gewissen Unterschied der Polaritäten der im Molekül vereinten Elemente gebunden ist, derart, daß derselbe einen gewissen maximalen — für

*) Als Maß der Flüchtigkeit gilt die Temperatur des Siedens der unzersetzten Verbindung unter Atmosphärendruck. Die Berechtigung hierfür ergibt sich aus der Troutonschen Regel, nach welcher die absolute Siedetemperatur in erster Annäherung auch als Maß für die Verdampfungswärme angesehen werden kann.

**) Wir betrachten hier und im folgenden die Valenzbetätigung zwischen verschiedenen Elementen ausschließlich polar als Elektrovalenz.

Fluoride etwa durch die Grenzlinie angezeigten — Betrag nicht überschreiten darf, ohne daß sich die Flüchtigkeit verringert.

Wenn dieser Gedanke richtig ist, muß die Flüchtigkeit der Metallfluoride links von der Grenzlinie wenigstens innerhalb ein und derselben Gruppe, d. h. bei gleicher Fluorbelastung, eine gewisse Abhängigkeit von dem mehr oder weniger positiven Charakter der Grundelemente zeigen. Leider ist zur Zeit darüber so gut wie nichts bekannt. Es wird deshalb eine dankbare Aufgabe sein, die Dampfdrucke dieser Fluoride so zu bestimmen, daß die Abhängigkeit ihrer Flüchtigkeit von der Stellung des Grundelements im periodischen System einwandfrei erkennbar wird*).

Die Ursachen der mehr oder minder großen Flüchtigkeit eines Moleküls sind letzten Endes in dessen Bau und demjenigen seiner Atome zu suchen. Eine Vertiefung unseres Wissens von der Flüchtigkeit wird also auch für die Entwicklung unserer Vorstellungen vom Bau der Atome und Moleküle bedeutungsvoll[214]).

c) Molekularvolum.

Wie die Flüchtigkeit wird auch das Molekularvolumen der Fluoride, wenn die nötigen Unterlagen erst in ausreichender Zahl beschafft sein werden, die Möglichkeit zur weiteren Entwicklung unserer Vorstellungen vom Bau der Atome und Moleküle geben. Die Fortbildung dieser Vorstellungen ist eine der wichtigsten Aufgaben der Gegenwart; denn der bestehende Vorstellungskreis ist wegen der Lückenhaftigkeit seines Zahlenmaterials noch auf zu viele Hypothesen gegründet, als daß er die bekannten Tatsachen sicher zusammenzufassen und durch Anschaulichkeit überzeugend zu wirken vermöchte.

d) Wertigkeit der Grundelemente.

Noch in einer anderen Richtung hat der Ausbau der Chemie der an Fluor gesättigten Fluoride ein Ergebnis von allgemeiner Bedeutung gezeitigt: er hat die Abhängigkeit der Höchstwertigkeit der Elemente von ihrer Stellung im periodischen System in einer Vollständigkeit erwiesen, wie sie bisher nur bei den Sauerstoffverbindungen erreicht worden ist. Bei manchen Sauerstoffverbindungen ließ sich die Möglichkeit einer Bindung der Sauerstoffatome untereinander nicht von der Hand weisen (z. B. J_2O_5, OsO_4 u. a.); durch die Darstellung entsprechender Verbindungen mit dem einwertigen Fluor ist die Unsicherheit beseitigt worden. Da das Fluor das negativste der uns bekannten Elemente ist, können bei ihm auch keine Bedenken bezüglich der relativen Polarität der Elemente auftreten, wie z. B. im Cl_2O.

Der Beweis für den gleichmäßigen Anstieg der negativen Höchstvalenz von 1—6 ist für die meisten Elemente der ersten bis zur sechsten

*) Weiteres über die Flüchtigkeit und deren Abhängigkeit von dem polaren Unterschied der verbundenen Elemente und dem Molekularbau siehe Berichte d. Deutsch. chem. Gesellsch. **52**, 1223 (1919).

Gruppe nunmehr eindeutig erbracht. In der siebenten und achten Gruppe bedarf das vorhandene Zahlenmaterial weiterer Ergänzung. In der siebenten Gruppe mit dem Mangan und den Halogenen ist die höchste bis jetzt erreichte Valenz 5; wir finden sie beim Jod; Brom vermag nur noch dreiwertig Fluor zu binden und Chlor, ebenso wie Stickstoff und Sauerstoff, in beständiger Form anscheinend überhaupt nicht mehr. Der Anstieg der Wertigkeit innerhalb der Familie der Halogene erlaubt trotzdem mit Sicherheit den Schluß, daß das dem Jod folgende, uns zur Zeit noch unbekannte Halogen das Fluor siebenwertig binden wird.

In der achten Gruppe, deren Stellung im System zur Zeit noch wenig gesichert erscheint, begegnen wir allein dem Osmiumoktafluorid, welches die der Gruppennummer entsprechende Zahl von Fluoratomen trägt, die Fluoride der übrigen Elemente sind bis auf PtF_4 unbekannt, oder sie zeigen, wie beim Eisen, Kobalt und Nickel, eine wesentlich geringere Valenzzahl.

So beobachtet man in den acht Gruppen des periodischen Systems in den ersten sechs an fast allen, in den letzten zwei wenigstens an einzelnen Gliedern eine Valenzzahl, welche mit der Gruppennummer übereinstimmt. Es ist deshalb überaus wahrscheinlich, daß von den Alkalimetallen bis zu den Halogenen zugleich mit der Masse auch die Form und Symmetrie, von welchen die Polarität und Valenz in erster Linie abhängen dürften, gleichmäßig von Gruppe zu Gruppe um einen immer etwa gleichen Betrag sich ändern. Die wenigen Elemente der Hauptgruppen, welche sich der Vorstellung nicht ohne weiteres fügen (N, O und Cl), stehen dem Fluor hinsichtlich Masse und Form wahrscheinlich so nahe und hinsichtlich der Symmetrie so fern, daß ihre eigenen Moleküle aus gleichartigen Atomen dank ihrer vollkommneren Symmetrie gegen Wärmeschwingungen stabiler sind als die gemischten. Erst wenn stärkere Wärmeschwingungen die Bedeutung der Symmetrieverhältnisse vermindert haben, wird eine andere Gruppierung der Atome möglich und dann innerhalb eines mehr oder weniger weiten Temperaturintervalls auch die Bildung von Fluoriden veranlaßt, bis schließlich die Wärmeschwingungen zu stark werden, als daß Moleküle der gedachten Art noch zu bestehen vermöchten.

Solche Vorstellungen lassen es verständlich erscheinen, daß die Darstellung von Fluoriden des Chlors, Sauerstoffs und Stickstoffs bisher nicht geglückt ist; sie zeigen aber auch gleichzeitig Wege für neue Versuche.

2. Einzelheiten.

A. Sauerstoff, Stickstoff und Chlor.

a) Wahrscheinliche Bildungswärmen.

Einige dürftige Daten über die Bildungswärmen der Verbindungen der Nachbarelemente geben etwas Anhalt für die Beurteilung der Beständigkeit etwa möglicher Fluoride dieser Elemente.

Eine Verbindung der beiden Nachbarelemente Sauerstoff und Fluor kann, weil der Sauerstoff in ihr das positivere Element wäre, nur mit dem Lithiumborid, Borkarbid, Cyan und den Stickstoffoxyden in Parallele gebracht werden. Von diesen wieder scheiden, da ein Sauerstofffluorid jedenfalls gasförmig ist, das Lithium- und Borkarbid als feste Stoffe für den Vergleich aus, und es bleiben nur noch das Cyan und die Stickstoffoxyde. Das Cyan $(CN)_2$ ist an und für sich eine stark endotherme Verbindung: $2\,C_{fest\,am.} + N_2 = (CN)_2 - 65{,}7$ Kal. In der Bildungswärme von $-$ 65,7 Kal. steckt noch die Verdampfungswärme des festen amorphen Kohlenstoffs, welche zu = oder > -39 Kal. angenommen werden kann*). Die Bildungswärme des Cyans aus $C_{gasf.}$ ist somit $- 65{,}7 - (\geqq 2 \cdot -39) = 12{,}3$ Kal., also unter allen Umständen positiv.

Die Bildungswärmen der Stickstoffoxyde sind sämtlich negativ ($NO = -21{,}6$ Kal. bis $N_2O_5 = -1{,}2$ Kal.)

Die Bildungswärme nimmt somit von den Kohlenstoff-Stickstoff- zu den Stickstoff-Sauerstoffverbindungen ab, und das gleiche darf nun auch beim Übergang von den Stickstoff-Sauerstoff- zu Sauerstoff-Fluorverbindungen erwartet werden. Ein Sauerstofffluorid würde also noch stärker endotherm als die entsprechende Stickstoff-Sauerstoffverbindung sein.

Eine Verbindung des Stickstoffs mit Fluor müßte weniger endotherm sein als eine ebensolche des Stickstoffs mit Sauerstoff, und auch weniger als eine solche des Stickstoffs mit Chlor. Der Stickstoff ist in allen drei Fällen das positivere Element, das Fluor aber negativer als Chlor und als Sauerstoff. Die Verbindung mit dem negativeren Element hat die größere Bildungswärme. Da die Bildungswärme des Stickstoffpentoxyds mit nur $-$ 1,2 Kal. negativ ist, wäre es somit nicht ausgeschlossen, daß ein Stickstofffluorid mit positiver Bildungswärme besteht, obwohl die Bildungswärme des Chlorstickstoffs mit etwa $-38{,}5$ Kal. stark negativ ist. Die unten erwähnten Versuche sprechen zur Zeit für das Gegenteil. Ein etwas sichereres Urteil wird erst dann möglich sein, wenn der Gang der Bildungswärmen der bekannten Antimon-, Arsen- und Phosphorfluoride bekannt sein wird.

Am wenigsten läßt sich über die Bildungswärme eines Chlorfluorids voraussagen, dessen Formel aller Voraussicht nach ClF sein würde. Man kennt weder eine Verbindung von Brom und Jod noch eine solche von Brom und Chlor[110]), sondern weiß nur, daß der Unterschied in der Polarität von Jod, Brom, Chlor, Fluor immer größer wird, und daß deshalb das Fehlen von Verbindungen zwischen Jod und Brom und Brom und Chlor die Unbeständigkeit einer Chlor-Fluorverbindung nicht beweist.

---

*) Sie ergibt sich aus den Bildungswärmen $CO_2 = 97$ Kal. aus $C_{fest\,am.}$ und $CO = 29$ Kal. aus $C_{fest\,am.}$ zu -34 Kal., wenn die Bindung der ersten beiden Valenzen des Kohlenstoffs an Sauerstoff dieselbe Energiemenge freimacht wie die Bindung der beiden folgenden. Wahrscheinlich ist aber der Betrag der erstgenannten Energiemengen größer als der der zweiten und deshalb auch die Verdampfungswärme von $C_{am} > -39$.

Immerhin wird man annehmen dürfen, daß die Bildungswärme eines Chlorfluorids der Formel ClF größer als diejenige eines halben Chlormonoxydmoleküls (Cl_2O = —16,5 Kal.), d. h. größer als etwa — 8 Kal., sein wird, weil der polare Unterschied zwischen Chlor und Fluor größer ist als derjenige zwischen Chlor und Sauerstoff. Die Beständigkeit eines solchen Chlorfluorids könnte also wohl etwa derjenigen des Jodwasserstoffs (—6 Kal.) entsprechen, möglicherweise aber auch noch größer sein.

b) Wahrscheinliche Flüchtigkeit.

Neben der Frage nach der voraussichtlichen Bildungswärme ist für Versuche zur Darstellung solcher Fluoride auch diejenige nach der voraussichtlichen Flüchtigkeit von Bedeutung; denn von deren Beantwortung hängt die Wahl der Versuchsanordnung und die Größe der bereitzustellenden Mittel ab. Auch diese Frage findet in den Beziehungen, welche das periodische System der Elemente erkennen läßt, einige Antwort:

Cyan $(CN)_2$ siedet bei etwa — 10°, Stickoxyd, NO, bei —150°, ein Sauerstofffluorid müßte also in der Nähe der Temperatur der flüssigen Luft oder auch noch tiefer sieden.

Ein ähnlich niedriger Siedepunkt ist auch für ein Stickstofffluorid zu erwarten. Kohlenstofftetrafluorid siedet bei —15°, Phosphortrifluorid bei —95°, Phosphorpentafluorid bei —75°, Arsenpentafluorid bei —53°. Ein Stickstoffpentafluorid dürfte dementsprechend bei etwa —100°, ein Trifluorid etwa 20° tiefer und ein Difluorid bei noch niedrigerer Temperatur sieden. Für eine so niedere Siedetemperatur spricht auch wieder die Flüchtigkeit des Stickoxyds, welche durch den Eintritt des negativeren Fluors an Stelle des Sauerstoffs keinesfalls erheblich vermindert werden dürfte; eher kann das Gegenteil der Fall sein; denn von allen Metalloidoxyden ist nur das Kohlendioxyd flüchtiger als das entsprechende Fluorid (CO_2 : $Kp_{79°}$ und CF_4 : $Kp_{-15°}$); alle übrigen Oxyde sind weniger flüchtig.

Über die Flüchtigkeit eines Chlorfluorids läßt sich nichts weiter sagen, als daß es in der Form ClF gasförmig sein dürfte; brauchbare Vergleichswerte von Nachbarfluoriden sind nicht vorhanden. Die einzigen Stoffe, welche verglichen werden können, sind das Chlor selbst und die Chloroxyde. Flüssiges Chlor siedet bei — 33°, Chlormonoxyd Cl_2O unter 740 mm Druck bei etwa 5°, das Dioxyd bei 10° und das Heptoxyd Cl_2O_7 bei 82°. Da bei den Fluoriden der Metalloide die negative Belastung die Flüchtigkeit begünstigt, so wird ein ClF-Molekül flüchtiger sein als das Cl-Cl-Molekül, also unterhalb —33° sieden. Zu dem Schluß, daß die Siedetemperatur wesentlich unter derjenigen des Cl_2O liegen muß, führt die Überlegung, daß die Oxyde der Metalloide mit Ausnahme des Kohlendioxyds schwerer flüchtig sind als die entsprechenden Fluoride, wobei im vorliegenden Fall die geringere Atomzahl im ClF-Molekül gegenüber dem ClO-Molekül auch zu berücksichtigen ist. Die Siedetemperatur des Chlorfluorids ist somit wesentlich niedriger anzusetzen, als man nach den Siedetemperaturen der bis jetzt bekannten Halogenfluoride (JF_5 : $Kp_{97°}$; BrF_3 : $Kp_{130-140°}$)[110] [120]) annehmen sollte. Wir schätzen sie zu —100°.

Bezüglich der Flüchtigkeit ist also in allen drei Fällen anzunehmen, daß die unbekannten Verbindungen bei Zimmertemperatur Gase sein werden; das Sauerstofffluorid mit einer Siedetemperatur nahe oder unterhalb derjenigen der flüssigen Luft, ein Stickstofffluorid der Formel NF_3 mit einer solchen von etwa —120° und ein Chlorfluorid der Formel ClF mit einer wahrscheinlich oberhalb —100° liegenden Siedetemperatur.

c) Möglichkeiten der Darstellung.

Die Möglichkeit der Darstellung einer Verbindung von Fluor mit Sauerstoff aus den Elementen und ohne Zufuhr von Energie, evtl. unter Mitwirkung von Katalysatoren, erscheint somit ausgeschlossen; eher möglich erscheint die freiwillige Bildung einer Verbindung mit Stickstoff oder Chlor; sie ist im ersten Fall aber unwahrscheinlich und im zweiten Fall zweifelhaft.

Unter mehr oder minder weitgehender Berücksichtigung solcher Gesichtspunkte ist bereits eine erhebliche Zahl von Versuchen zur Darstellung der Verbindungen gemacht worden.

Zunächst hat Moissan das Verhalten von Sauerstoff, Stickstoff und Chlor gegen Fluor untersucht[153]).

Er fand, daß das Fluor bei gewöhnlicher Temperatur mit keinem der drei Gase in Reaktion tritt. Ein Gemenge von Fluor und Sauerstoff, welches bei 500° durch ein erhitztes Flußspatrohr geleitet worden war, zeigte keine Eigenschaft, welche auf eine stattgefundene Reaktion hätte hinweisen können; dagegen schien ihm eine Reaktion dann einzutreten, wenn man Fluor auf sehr konzentriertes Ozon einwirken ließ.

α) Sauerstoff und Fluor:

Moissan ließ in ein mit durchsichtigen Flußspatplatten verschlossenes Platinrohr, welches mit Fluor gefüllt war, etwas Wasser treten, aber nur so viel, daß das Fluor im Überschuß blieb; es bildeten sich über dem Wasser dichte, dunkle Nebel; wurden dieselben durch einen Stickstoffstrom aus dem Rohr getrieben, bemerkte man sogleich einen sehr intensiven, von dem des Fluors ganz verschiedenen Geruch, der alsbald in einen geradezu unerträglichen Ozongeruch überging; ließ man dieselben im Rohr, so verschwanden sie, und an ihre Stelle trat ein Gas von schön blauer Färbung, d. h. ziemlich konzentriertes Ozon. Den eigentümlichen Geruch der unbeständigen Nebel führte Moissan auf die Bildung einer unbeständigen sauerstoffhaltigen Verbindung des Fluors zurück, welche bei Erhöhung der Temperatur leicht zerfalle oder durch eine Spur Feuchtigkeit zersetzt werde. Wie das Wasser, so hat Moissan auch noch mancherlei andere Oxyde der Einwirkung von Fluor ausgesetzt und hierbei häufig die Bildung von Fluoriden, also auch die Entwicklung von Sauerstoff, aber niemals diejenige eines Sauerstofffluorids festgestellt.

Gino Gallo[81]) hat Fluor zugleich mit Sauerstoff durch einen Ozonapparat geleitet und wenige Minuten nach dem Ingangsetzen des Induktoriums eine starke Explosion beobachtet. Moissans Vermutung, daß der Sauerstoff mit dem Fluor eine äußerst unbeständige Verbindung einzugehen vermöge, erhielte dadurch eine wertvolle Stütze.

Ruff hat Fluor mit 9 proz. Ozon zusammengebracht[254]), ohne eine Wirkung feststellen zu können; er hat das Gasgemisch dann über geschmolzenes Chlorkalzium geleitet, um das ungebundene Fluor zu entfernen, und das gebildete Chlor durch Abkühlung in flüssiger Luft ausgeschieden. Das aus dem Chlorkalziumrohr austretende Gas enthielt zwar noch Ozon, aber kein gebundenes oder ungebundenes Fluor mehr.

Die Bildung einer unbeständigen Fluor-Sauerstoffverbindung aus den Elementen scheint also nur unter der Wirkung dunkler elektrischer Entladungen auf ein Fluor-Sauerstoffgemisch zu erreichen zu sein. Fertig gebildetes Ozon und Fluor wirken so wenig aufeinander wie gewöhnlicher Sauerstoff und Fluor; dagegen erscheint wieder Sauerstoff in statu nascendi z. B. aus Wasser zu solcher Verbindung befähigt.

Die Wahrscheinlichkeit, daß sich Sauerstoff und Fluor bei sehr tiefer Temperatur unter der Wirkung von Induktionsfunken vereinigen lassen, ist diesen Versuchen zufolge erheblich. Ruff und Zedner haben auch in dieser Richtung entsprechende Versuche angestellt, aber ohne greifbaren Erfolg[254]) (s. u. Fig. 30). Flüssiges Fluor, gemischt mit Sauerstoff, wurde $^3/_4$ Stunden durchfunkt; irgendeine sichtbare Veränderung der Flüssigkeit war danach nicht festzustellen. In den schwerer flüchtigen Anteilen des Reaktionsgemisches ließ sich neben etwas Ozon ein Fluoroxyd höchstens in Spuren nachweisen. Die leichter flüchtige Fraktion ließ neben dem Fluorgeruch keinen anderen erkennen, und konnte mangels geeigneter Einrichtungen nicht weiter fraktioniert werden.

In einer anderen Versuchsreihe haben Ruff und Zedner ein Fluorsauerstoffgemisch durch einen rotierenden Lichtbogen geführt (Näheres siehe unten), danach rasch abgekühlt und verdichtet[254]). Auch hierbei ließ sich die Bildung einer Verbindung nicht nachweisen; doch wäre auch in diesem Fall eine niedriger als bei —185° siedende Verbindung, beim Vorhandensein nur kleiner Mengen, leicht dem Nachweis entgangen.

Bei künftigen Versuchen müßte somit vor allem diesen Fraktionen erhöhte Aufmerksamkeit geschenkt werden. Noch aussichtsreicher aber erscheint es, die Versuche von Gino Gallo[81]) in der Form wieder aufzunehmen, daß das Fluor-Sauerstoffgemisch in einem geeignet gebauten Ozonisator mit Metallbelag bei etwa —150 bis —180° der dunklen elektrischen Entladung ausgesetzt und dann alsbald verflüssigt und fraktioniert wird.

β) Stickstoff und Fluor:

Moissan hat die Einwirkung elementaren Fluors sowohl auf Stickstoff als auch auf Ammoniak untersucht, ohne die Bildung eines Stickstofffluorids feststellen zu können; im zweiten Fall war Fluorwasserstoff und Stickstoff entstanden. Er hätte die Mischung der elementaren Gase gerne auch der Einwirkung des Induktionsfunkens ausgesetzt, fand aber keinen Stoff, aus welchem die zur Zuführung des Stromes nötigen unangreifbaren Elektroden angefertigt werden konnten. Den Gedanken Moissans haben Ruff und Zedner wieder aufgenommen und in zwei Richtungen, sowohl bei sehr hoher als auch bei sehr tiefer Temperatur, verwirklicht[254]).

Die Apparate, welche auch bei den entsprechenden Versuchen mit Sauerstoff (siehe oben) und Chlor (siehe unten) benutzt worden sind, zeigen die beistehenden Abbildungen (Fig. 30a und b).

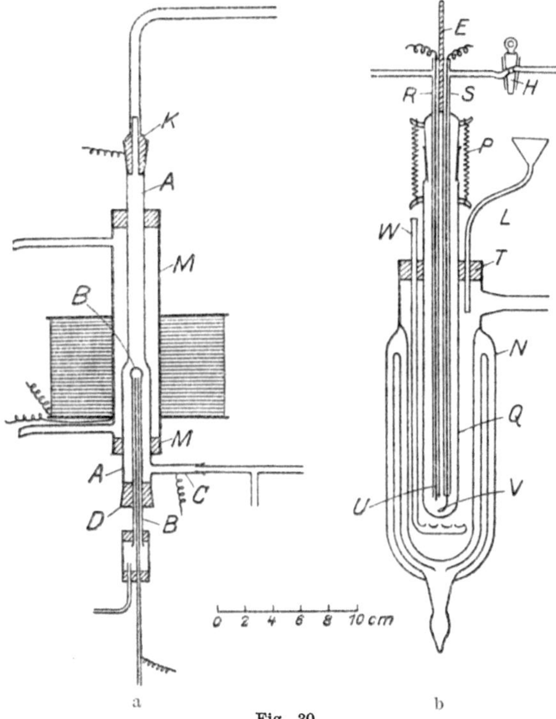

Fig. 30.

Bei hoher Temperatur (Fig. 30a): Zwischen den beiden Platinrohren *AA* und *BB* wurde ein rotierender Lichtbogen erzeugt. *AA* ist ein etwa 1 mm starkes Platinrohr, in welches die zu erhitzenden Gase durch das seitliche Rohr *C* von unten eintreten. Das kürzere und engere Rohr *BB* ist von *AA* durch einen Flußspatstopfen *D* isoliert, den man sich aus ausgesuchten Flußspatstücken schneidet und am Schleifstein schleift. Zur Befestigung und Dichtung der Platinrohre am und im Flußspatstopfen verwendet man Kupferamalgam, wie es für Zahnplomben gebraucht wird, und erzielt so einen fluorfesten und luftdichten Abschluß. Um die den Lichtbogen verlassenden Gase den Vorlagen zuführen zu können, ist in das obere konische Ende des Rohres *BB* ein Kupferstopfen *K* mit etwa 20 cm langem Kupferrohr eingeschliffen. Zum Schutze des Rohres *AA* und zur Kühlung der Gase dient der von Wasser durchflossene Kupfermantel *MM*, in dem das Rohr *AA* mit Gummistopfen befestigt wird; er trägt zur Erzeugung des in *AA* nötigen magnetischen Feldes gleichzeitig eine Kupferdrahtspule mit einem Durchmesser von etwa 3 cm im Innern und 12 cm an der Peripherie; sie besteht aus 25 × 40 Windungen eines 1 mm starken, gut isolierten Kupferdrahts. Um auch die Zerstäubung der Elektrode *B B* und deren Zerstörung durch das Fluor möglichst einzuschränken, wird die Elektrode *B B*, deren Kopf eine Wandstärke von 2 mm besitzt, von innen durch fließendes, destilliertes Wasser gekühlt. Das Wasser wird einer isoliert aufgestellten Glasflasche entnommen und fließt aus einer Höhe von etwa 1 m durch die Elektrode *B B* in ein unter dem Apparat stehendes, gleichfalls isoliert aufgestelltes Gefäß ab.

Zur Erzeugung des Lichtbogens wurde der Strom einer 10-KW-Wechselstrom-Dynamomaschine von 50 Perioden in einem Transformator mit etwa 10% Verlust von 200—240 Volt auf 5000—6000 Volt umgeformt und mit solcher Spannung der Elektrode *B B* zugeführt. Die Elektrode *A A* mit allem Zubehör war geerdet, ebenso natürlich auch der zweite Pol des Transformators. Zwischen Transformator und Erde war zum Schutze der Apparate jedoch noch ein Wasserwiderstand (Steinzeugzylinder) von 50 cm Höhe und ebensolchem Durchmesser eingeschaltet, der mit destilliertem und ein wenig Leitungswasser derart beschickt war, daß er bei 5000 Volt etwa 1,6 Amp. passieren ließ. Unter der Oberfläche des Wassers lag zur Aufnahme des Stromes und Kühlhaltung des Wassers eine von Wasserleitungswasser durchflossene und somit geerdete Bleischlange. Zur Erregung des magnetischen Feldes diente Gleichstrom von 32 Volt Spannung, welcher der Spule durch einen Widerstand hindurch mit etwa 10 Amp. zugeführt wurde. Gelegentlich wurde statt des hochgespannten Wechselstromes auch Gleichstrom von 5000—6000 Volt verwendet und das magnetische Feld dann mit Wechselstrom erregt. Ein wesentlicher Unterschied der Wirkungsweise war aber nicht zu beobachten. Unter der Wirkung des magnetischen Feldes rotierte der Lichtbogen um den Kopf der Elektrode *B B*, daselbst eine für das Auge völlig kontinuierliche Flammenscheibe bildend, welche die in *A A* von unten eintretenden Gase zu passieren hatten. Es kam manchmal vor, daß der Lichtbogen nicht am Kopf der Elektrode entstand, sondern an deren Hals oder gar durch den Flußspatstopfen ging. Der Grund dafür war entweder der, daß die Elektrode *B B* etwas zu hoch stand, oder daß infolge einer Undichtigkeit dieser Elektrode, die unter der hohen Temperatur und dem Fluor zu leiden hatte, Spuren Feuchtigkeit aus dieser austraten, welche die Lichtbogenbildung an der betreffenden Stelle veranlaßten, oder daß der Flußspatstopfen feucht geworden war, oder daß er nach längerem Betrieb des Lichtbogens durch zerstäubtes Platin etwas leitend geworden war und der Erneuerung bedurfte. Sofern irgendwelche Unregelmäßigkeit eine Berührung der unter Spannung befindlichen Apparateteile notwendig machte, schützte man sich durch dicke Gummihandschuhe. Das Fluor und das jeweils verwendete zweite Gas wurden dem Platinapparat durch ein kupfernes T-Rohr zugeführt, das in das Rohr *C* eingeschliffen war. Sobald der Apparat mit dem Gasgemisch gefüllt und der Gasstrom in gleichmäßigem Gang war, wurde der Strom eingeschaltet. Die Zündung erfolgte von selbst; die Spannung zwischen den Elektroden sank dann auf 3000—2500 Volt. Die zur Zündung und Unterhaltung des Lichtbogens nötige Spannung war am höchsten in reinem Fluor und den auch nur geringe Mengen Fluor enthaltenden Gasgemischen und nahm in der Reihenfolge Chlor, Stickstoff, Sauerstoff ab.

Die Kondensation der aus dem Lichtbogen austretenden Gase geschah in zwei Glasvorlagen, deren erste durch feste Kohlensäure und Alkohol, und deren zweite durch flüssige Luft abgekühlt wurde. Hinter dem zweiten Kondensationsgefäß befand sich ein mit reinem Natriumfluorid gefülltes Trockenrohr, um das Eindringen von Feuchtigkeit zu verhindern.

Der Apparat funktionierte ausgezeichnet. Die Abnutzung der Elektrode *B B* selbst in reinem Fluor war verhältnismäßig gering und erfolgte teils durch Zerstäubung, teils durch Bildung von Platintetrafluorid, welch letzteres sich an den kälteren Teilen des Apparates wieder niederschlug.

Beim Durchleiten von kohlensäurefreier, trockener Luft durch den Flammenbogen erhielt man Ausbeuten von bis zu 5,5% Stickoxyd, d. h. mehr Stickoxyd, als sich in Glasapparaten unter ähnlichen Bedingungen erzielen läßt.

Die Luft wurde durch eine Gasuhr zugeführt und gemessen; das gebildete Stickoxyd wurde in zwei mehrfach absorbierenden Vorlagen zur Absorption gebracht, deren erste mit Schwefelsäure und 30proz. Wasserstoffsuperoxyd, und deren zweite mit Kalilauge beschickt war. Der Gehalt beider Vorlagen an Säure bzw. Alkali wurde vor und nach dem Versuch titrimetrisch festgestellt, z. B.:

	I.	II.
Angewandte Luft	2 l (22°, 760 mm)	2,2 l (22°, 774,1 mm)
Versuchsdauer	60 Min.	75 Min.
Spannung	3300—2300 Volt	3050—2100 Volt
Gebildete Säure	4,55 ccm $^1/_1$-*n*.	5,0 ccm $^1/_1$-*n*.
Ausbeute	5,5% NO	5,4% NO

Bei tiefer Temperatur (Fig. 30b): Das Gefäß *Q* mit den beiden Platinelektroden *U* und *V* steckt, von dem dreifach durchbohrten Gummistopfen *T* gehalten, in dem vierwandigen Dewarzylinder *N* und trägt den aufgeschliffenen und von starken Federn festgehaltenen Glasstopfen *P*. Durch den letzteren gehen zwei Glasröhren *R* und *S* hindurch, die einerseits zur Führung und Isolation der Stromzuleitungsdrähte, andererseits zum Zu- und Ableiten der Gase dienen. Das Zuleitungsrohr ist unten offen, das Ableitungsrohr unten geschlossen, besitzt aber dafür oben eine seitliche Öffnung. Der in das Zuleitungsrohr eingeschmolzene Platindraht, welcher die 1,5 mm starke Stiftelektrode *U* trägt, wird vorteilhaft in der Mitte zu einer kleinen

Spirale gewunden, damit er der verschiedenen Leitfähigkeit der Gase entsprechend verlängert oder verkürzt werden kann. Die andere Elektrode *V* besteht aus einer 1 mm starken, kreisförmigen Platinplatte. Die Länge des Induktionsfunkens muß in Luft etwa 6 cm erreichen; es werden daher die beiden Zuleitungsdrähte an den Einschmelzstellen oberhalb des Reaktionsgefäßes durch die Ebonitplatte *E* voneinander isoliert gehalten. Während des Durchfunkens der in *Q* verflüssigten Gase werden die Gaszu- und -ableitungen abgesperrt gehalten; es dienen dann die den Glasstopfen haltenden Federn als Sicherheitsventil; sie werden so eingestellt, daß sie erst bei etwa 1 Atm. Druck nachgeben.

In den beiden Versuchsreihen konnte die Bildung eines Stickstofffluorids in irgend erheblicher Menge nicht nachgewiesen werden. Wenn ein solches trotzdem entstanden war, so war es entweder zu wenig, als daß dessen Nachweis auf chemischem Wege mit Sicherheit möglich gewesen wäre, oder aber es war ein indifferentes Gas von so niederer Siedetemperatur, daß es zusammen mit dem Stickstoff abdestilliert und so der Beobachtung entgangen war.

Eine Reihe weiterer Versuche haben Ruff und Geisel [231]) durchgeführt. Das Stickstofffluorid sollte ähnlich wie Chlorstickstoff durch Fluorieren von Ammonfluorid, oder aus Chlorstickstoff durch Umsatz dieses mit Fluorsilber dargestellt werden. Warren [294]) hatte früher schon eine wässerige Lösung von Ammonfluorid elektrolysiert und geglaubt, daß er hierbei einen Fluorstickstoff erhalten hätte. Er ist offenbar einer Täuschung zum Opfer gefallen; denn aus einer wässerigen Lösung von reinem Ammonfluorid entwickelt sich nur Sauerstoff und Stickstoff. Nicht einmal in einer Lösung von wasserfreier Flußsäure wird Ammonfluorid durch naszierendes Fluor angegriffen. Nachdem aber dieses festgestellt worden ist, erscheinen weitere Versuche, ausgehend von Ammonfluorid, zwecklos.

Die Einwirkung von Chlorstickstoff auf Fluorsilber veranlaßte, einerlei ob der Chlorstickstoff gasförmig, in Mischung mit Chlor oder in einer Benzollösung zur Verwendung kam, entweder einen Zerfall des Chlorstickstoffs in seine Elemente oder aber, und das bei den Benzollösungen, die Bildung von Fluorwasserstoff, dessen Fluor aus dem Fluorsilber stammte. Es haben sich keine Anzeichen für die Bildung eines Stickstofffluorids finden lassen.

Die letzterwähnten Versuche haben Ruff und Blaser*) noch durch einige weitere ergänzt, bei welchen ein mit Chlorstickstoffdämpfen beladener Stickstoffstrom mit einem Strom von elementarem Fluor zusammengeführt wurde. Der Chlorstickstoff wurde dabei, bei zu hoher Konzentration unter Explosion, zu Stickstoff und Chlor zersetzt. Ein Stickstofffluorid ist nicht beobachtet worden.

Alle diese Versuche führen zu dem Schluß, daß ein Stickstofffluorid entweder sehr unbeständig (also wohl stark endotherm) und dann wahr-

---

*) Nicht veröffentlicht.

scheinlich nicht allzu tief siedend, oder sehr indifferent und dann unterhalb der Temperatur der flüssigen Luft siedend sein müßte. Künftige Versuche hätten diesen Bedingungen Rechnung zu tragen. Ist es richtig, daß ein Stickstofffluorid eine endotherme, nicht allzu tief siedende Verbindung ist, so erscheint wie beim Sauerstoff die Einwirkung dunkler elektrischer Entladungen bei tiefer Temperatur künftigen Versuchen am ehesten Erfolg zu versprechen.

γ) Chlor und Fluor:

Die Versuche, diese beiden Gase zu einem Chlorfluorid zu vereinen, waren außerordentlich zahlreich. Sie werden am besten in zwei Gruppen besprochen. Die erste Gruppe hatte die Vereinigung der Elementargase zum Ziel (a), die zweite das Studium der Reaktion von Fluor mit Chloriden bzw. von Chlor mit Fluoriden (b).

a) Moissans erste Versuche mit elementarem Chlor und Fluor hat zunächst Lebeau wieder aufgenommen und festgestellt, daß das Fluor nicht bloß bei Zimmertemperatur, sondern auch bei der Temperatur der flüssigen Luft keine Reaktion mit dem Chlor eingeht[117]). Ruff und Zedner haben dann Fluor-Chlormischungen in den oben beschriebenen Apparaten in flüssiger Form bei etwa — 185° durchfunkt und in Gasform durch einen rotierenden elektrischen Lichtbogen geführt, ohne die Bildung einer Verbindung in nachweisbarer Menge feststellen zu können[254]).

b) Aus Chloriden durch Umsatz mit elementarem Fluor ein Chlorfluorid zu erzeugen, haben Moissan und später auch Ruff mehrfach ohne Erfolg versucht. Die Reaktion zwischen elementarem Chlor und Fluoriden hat eine ganze Reihe von Forschern beschäftigt; das Ziel ihrer Bemühungen war zunächst freilich nicht die Darstellung eines Chlorfluorids, sondern die Gewinnung von Fluor. So haben von etwa 1813 ab nacheinander Davy, Aime, G. Knox und Th. Knox, Fremy, Louyet, Gore und Moissan[157]) die Einwirkung von Chlor auf die verschiedensten jeweils bekannt gewesenen Fluoride studiert und hierbei Gefäße aus Schwefel, Kohle, Gold, Platin, Kupfer, Blei, Kautschuk und Flußspat verwendet. Dabei waren es insbesondere das Fluorsilber und Fluorquecksilber, von deren Umsetzung man einen Erfolg erwartete. Die Versuche haben aber weder zu Fluor noch zu einem Chlorfluorid, sondern meist zu ternären Verbindungen aus Metall, Chlor und Fluor geführt. Häufig wurde die Bildung von Fluorwasserstoff beobachtet, weil die benutzten Fluoride nicht ganz wasserfrei verwendet worden waren.

Fluoride höherer Ordnung vom Sauerstoff und Chlor sind einerseits in den Oxyfluoriden, andererseits in den aus Oxyden und Chloriden mit Fluoriden gebildeten Verbindungen (Doppelsalzen) zwar in größerer Zahl bekannt, können hier aber übergangen werden, da in ihnen Sauerstoff und Chlor mit dem Fluor kaum direkt verbunden sein dürften. Dagegen sind vom Stickstoff zwei hierhergehörige Verbindungen zu erwähnen: das Nitrosylfluorid[248]) und das Nitrylfluorid[163]), beide Gase von ähnlichen Eigenschaften.

B. Brom, Jod, Schwefel, Selen und Tellur.

a) Binäre Fluoride.

Man kennt von binären Fluoriden zur Zeit nur die Verbindungen BrF_3[116)196)], JF_5[82)144)], SF_6[159)], SeF_6[118)], SeF_4[118)], TeF_6[139)196)] und möglicherweise auch TeF_4[139) 196)]. Es gibt aber Beobachtungen, welche beweisen, daß bei diesen Elementen auch noch andere Verbindungsverhältnisse bestehen. Bei der Einwirkung von Fluor auf Brom und Jod hat Prideaux[199)] zwar keine anderen Fluoride als die genannten festzustellen vermocht. Beim Erhitzen von Jodpentafluorid hat aber Moissan zwischen 400 und 500° eine langsame Zersetzung unter Abscheidung von Jod beobachtet[144)], welche kaum anders als mit der Bildung eines oder zweier neuer Jodfluoride gedeutet werden kann, da die Bildung von Fluor dabei nicht bemerkt worden ist. Auch wäre es nicht ausgeschlossen, daß die Jodfluoride, welche man beim Erhitzen von $PbF_4 \cdot 3\,KF \cdot HF$ und einigen anderen, ihr Fluor leicht abgebenden Fluoriden mit Jod erhält, ein niedrigeres Jodfluorid enthalten. Bei der Darstellung des Schwefelhexafluorids haben Moissan und Lebeau die Bildung kleiner Mengen eines Gases festgestellt, welches von Kalilauge absorbiert wurde, während Schwefelhexafluorid sich in dieser nicht löste. Ruff hat mit seinen Schülern zu verschiedenen Malen kleine Mengen einer flüchtigen, ähnlich dem Schwefelchlorür riechenden Verbindung erhalten, welche sich beim Verdampfen unter Abscheidung von Schwefel mit dem Glas der Gefäße zu Thionylfluorid und Siliziumtetrafluorid umsetzte; dasselbe war z. B. beim Erhitzen von Uranhexafluorid und Osmiumoktafluorid mit Schwefeldampf[232) 251) 252)] gebildet worden; eine etwas andersartige überaus lebhafte Reaktion gaben die Schwefelchloride mit Tantalpentafluorid. Offenbar ist das dasselbe Schwefelfluorid, welches Moissan beim Erhitzen des aus Fluor und Manganjodür erhaltenen Manganifluorids mit Schwefel beobachtet hat[143)].

b) Fluoride höherer Ordnung

kennt man in ziemlicher Zahl. Sieht man dabei von den eigentlichen Doppelsalzen der Metallfluoride mit Chloriden, Bromiden, Oxyden und Sulfaten ab, so sind hier zunächst die Verbindungen zu nennen, welche Weinland und seine Mitarbeiter aus der Jodsäure, den Jodaten, Sulfaten, Dithionaten, Selenaten und Telluraten einiger Alkalimetalle durch die Einwirkung von Flußsäure dargestellt haben, also etwa in derselben Weise, wie man auch die Fluochromate, -molybdate, -wolframate, -uranate, -phosphate usw. erhalten kann[297) 298) 302)]. In diesen Verbindungen sind bei gleichzeitiger Hydroxylierung eines oder mehrerer Sauerstoffatome eine oder mehrere Hydroxylgruppen der Säuren durch Fluor ersetzt, z. B. $JOF_3 \cdot 5\,H_2O$; JO_2F_2K; $2\,JO_4Cs \cdot 3\,HF \cdot H_2O$; aber auch: $JO_2F \cdot C_5H_5N$; $2\,JOF_3 \cdot C_5H_5N \cdot HF$; dann $(MeO)_3S_2(OH)_3O_2F_2$; $(NH_4O)_2\,Se(OH)OF$; $K_2TeO_3F_2 \cdot 3\,H_2O$ usf. Weiter sind hier das

Sulfurylfluorid SO_2F_2[159] [287]), das Thionylfluorid SOF_2[160]) [253]) und die Fluorsulfonsäure $SO_3F \cdot H$[225]), die letztere mit ihren Salzen[286]), zu nennen. Entsprechende Verbindungen vom Selen sind nicht bekannt, wohl aber wieder vom Tellur, so das $TeF_4 \cdot 4\,H_2O$; $NH_4 \cdot TeF_5 \cdot H_2O$; $TeO_2 \cdot TeF_4 \cdot 2\,H_2O$. Die Darstellung ähnlicher Selenverbindungen wie auch etwaiger Verbindungen des noch unbekannten Schwefeltetrafluorids SF_4 dürfte sich wohl ermöglichen lassen, die letztere vielleicht durch die Einwirkung von Jodpentafluorid auf Alkalisulfide (Fluor selbst gibt dabei Alkalifluorid und Schwefelhexafluorid). Die noch unbekannten Verbindungen des Sulfurylfluorids dürften sich nicht bloß aus Sulfurylfluorid und Alkalifluoriden, sondern auch aus Fluor und Alkalisulfiten gewinnen lassen.

C. Mangan und Chrom.

Die Fluorierung von Mangan, Mangankarbid und Manganchlorür führt, wie Moissan gezeigt hat, zu einem Gemisch von Manganofluorid (MnF_2) und Manganifluorid (MnF_3), diejenige von Manganjodür zu reinem Manganifluorid[143]) [166]). Das Manganifluorid zerfällt beim Erhitzen in Fluor und Manganofluorid; sein Fluor ist überaus locker gebunden.

Unter diesen Umständen ist mit der Möglichkeit der Darstellung eines höheren Manganfluorids erster Ordnung kaum mehr, und wenn je, höchstens dann zu rechnen, wenn sich ein indirekter Weg zu ihm, z. B. von einem Fluorid höherer Ordnung aus, finden sollte. Ähnlich, wie sich Kaliumpermanganat aus Sauerstoff, Ätzalkali und Manganoxyden herstellen und mit Schwefelsäure zu dem flüchtigen, überaus zersetzlichen Manganheptoxyd umsetzen läßt, könnte die Einwirkung von Fluor auf ein Gemisch von Manganifluorid und Alkalifluorid zu einem komplexen höheren Fluorid führen, aus welchem mit Antimonpentafluorid oder einem anderen sehr reaktionsfähigen Fluorid, vielleicht auch einfach wasserfreiem Fluorwasserstoff, das höhere Manganfluorid freigemacht werden könnte. Ein Erfolg in dieser Richtung ist freilich wenig wahrscheinlich, weil die Schmelztemperatur der Alkalifluoride um vieles höher liegt als diejenige der Alkalihydroxyde und eine Reaktion der Komponenten anders als im Schmelzfluß nicht zu erwarten ist.

Mehr Aussicht auf Erfolg dürfte eine Untersuchung der Manganfluoride höherer Ordnung haben:

Rosenrote Doppelsalze des Mangantrifluorids z. B. das $2\,KF \cdot MnF_3 \cdot H_2O$ hat Christensen[29]) beschrieben. Weinland und Lauenstein[303]) haben aus einer Lösung von Kaliumpermanganat in Flußsäure goldgelbe durchsichtige Täfelchen der Zusammensezung $MnF_4 \cdot 2\,KF$ erhalten. Wahrscheinlich bildet das Mangan auch mancherlei Oxyfluoridverbindungen wie das Chrom. Die Einwirkung von elementarem Fluor auf Salze wie die genannten könnte wohl auch noch höherfluorierte Verbindungen des Mangans liefern.

Kaliumpermanganat mit Fluorsulfonsäure gibt ein zersetzliches, leicht flüchtiges, fluorhaltiges Gas, welches möglicherweise aus einem Manganoxyfluorid besteht[214].

Pulverförmiges Chrom wird von Fluor in der Kälte nur oberflächlich angegriffen. Bei gelindem Erhitzen verbindet es sich mit ihm unter Feuererscheinung und Dampfentwicklung zu einem gelblichweißen, zu kleinen Kügelchen geschmolzenen Chromfluorid. Chromkarbid wird leichter angegriffen als das Metall. Chromchlorid bildet bei geringer Erwärmung unter Feuererscheinung und Entwicklung reichlicher Dämpfe eine in Wasser unlösliche hellgelbe Substanz; bei Verwendung von Chrombromid sind die Erscheinungen ähnliche, die Dampfentwicklung aber stärker[154].

Die Zusammensetzung des hellgelben Fluorids ist noch unbekannt. Bekannt sind nur das tief blaugrüne, bei etwa 1100° schmelzende, in Wasser wenig lösliche Chromofluorid CrF_2, welches bei Rotglut aus Chrom und Fluorwasserstoff entsteht, und das heller grüne, durchscheinende, rhomboedrische Prismen bildende, in Wasser unlösliche Chromifluorid CrF_3, welches durch Erhitzen von $CrF_3 \cdot 3\,NH_4F$ zunächst amorph erhalten wird, gegen 1000° dann aber schmilzt und zwischen 1100 und 1200° sublimiert. Die beiden Fluoride hat u. a. Poulenc in seiner Arbeit über anhydrische und kristallisierte Fluoride beschrieben[41] [189] [193]. Das von Moissan erhaltene gelbe Fluorid ist also möglicherweise ein Chromtetrafluorid.

Eine andere Fluorverbindung des Chroms unbekannter Zusammensetzung erhält man z. B. aus Chromtrioxyd oder Kaliumdichromat und Fluorsulfonsäure als eine ebenso leicht flüchtige, wie zersetzliche Substanz. Dieselbe ist aber wahrscheinlich ein Chromylfluorid CrO_2F_2 [214].

Möglicherweise gehören hierher auch die von Varenne, Ditte u. a.[47] [290] [291] beschriebenen roten Alkalifluochromate der Form z. B. $K_2CrO_4 \cdot CrO_2F_2$ oder $(NH_4)_2CrO_4 \cdot 2\,CrO_2F_2$; doch könnten in diesen Verbindungen auch Salze einer der Fluorsulfonsäure entsprechenden Fluochromsäure $H(CrO_3F)$ vorliegen.

Die Wahrscheinlichkeit, daß sich ein Chromhexafluorid, entsprechend dem Chromtrioxyd und den Hexafluoriden des Molybdäns, Wolframs und Urans darstellen lassen wird, ist nur klein. Das Studium von Chrom-Fluorverbindungen höherer Ordnung (z. B. aus K_2CrO_4 + Fluor) wird sicher eine dankbarere Aufgabe als die Darstellung des Hexafluorids selbst sein. Trotzdem muß bei künftigen Versuchen die Möglichkeit der Bildung eines solchen, dem Fluor und gelben Chromfluorid gegenüber jedenfalls stark endothermen Fluorids im Auge behalten werden.

Daß sich alle den Sauerstoffverbindungen entsprechenden Fluorverbindungen, z. B. Mn_2O_7, CrO_3, Cl_2O_7 darstellen lassen werden, ist nicht anzunehmen; denn die Symmetrie einwertiger Atome schließt eine ergänzende Verkettung dieser untereinander aus, während die Symmetrie der zweiwertigen Sauerstoffatome eine solche ermöglicht und einem sonst instabilen Gebilde den nötigen Zusammenhalt um so sicherer geben wird, je mehr diese Sauerstoffatome zusammengedrängt sind, bzw. je vollkommener sie das Zentralatom umschließen.

Von den Fluoriden höherer Ordnung sind neben den Alkalifluochromaten nur noch mannigfache Verbindungen des Chromifluorids, CrF_3 mit Wasser, Alkali- und Schwermetallfluoriden dargestellt worden, z. B. $(CrF_5)Co \cdot 7$ aq.[175]).

D. Molybdän, Wolfram und Uran.

Vom Molybdän kennt man MoF_6, MoF_4, MoO_2F_2 [227]), Verbindungen des unbekannten MoF_3, wie z. B. das $KMoF_4 \cdot H_2O$ [202]) und eine Reihe von Fluooxymolybdaten, welche sich teils vom $Mo^{V}OF_3$, teils vom $Mo^{VI}O_2F_2$, teils von einer Fluopermolybdänsäure $H_2MoO_3F_2$ (aus Wasserstoffsuperoxyd und Molybdaten mit Flußsäure) herleiten lassen, wie z. B. das $MoOF_3 \cdot 2\,NH_4F$ [131]), das $MoO_2F_2 \cdot 3\,NH_4F$ [132]) und das $MoO_3 \cdot 2\,NH_4F$ [131]), aber auch z. B. $MoO_2F_2 \cdot CoF_2 \cdot 6$ aq.[40]).

Vom Wolfram ist das einzige bis jetzt bekannte binäre Fluorid das WF_6 [226]) [228]); alle anderen bekannten Wolfram-Fluorverbindungen sind solche höherer Ordnung. Es sind dies das WOF_4 und WO_2F_2 [226]) [228]) und die mannigfachen Verbindungen des letzteren mit Metallfluoriden und mit Wasser, welche eine bemerkenswerte Isomorphie mit den entsprechenden Verbindungen des MoO_2F_2 besitzen[127]).

Beim Molybdän und Wolfram fehlen also fast alle binären Fluoride der weniger als sechswertigen Elemente, und unsere Kenntnis von den Fluoriden höherer Ordnung beschränkt sich auf die Abkömmlinge einiger weniger Grundformen.

Etwas mannigfaltiger sind die Fluorverbindungen des Urans. Dem UF_6 [232]) reihen sich das UF_4 und UO_2F_2 [264]) an. Außerdem sind als Fluoride höherer Ordnung das $UF_2 \cdot 2\,H_2O$ [79]), $UOF_2 \cdot 2\,H_2O$ und verschiedene Verbindungen des UOF_2 und UO_2F_2 mit Wasser, Alkalifluoriden und Schwermetallfluoriden dargestellt worden, unter den letzteren z. B $Co(NH_3)_6\,F_3 \cdot UO_2F_2$ [133]).

Die Fluorverbindungen des Molybdäns, Wolframs und Urans bieten noch ein weites Feld wissenschaftlicher Betätigung. Zunächst bedarf unsere Kenntnis von den binären Fluoriden mit niedrigeren Fluorzahlen dringend der Ergänzung; diese dürfte kaum besonders großen Schwierigkeiten begegnen. So z. B. werden sich Tetrafluoride durch Erhitzen von WO_2, MoO_2 im HF-Strom gewinnen und dann mit Wasserstoff (evtl. mit HF gemischt) bei geeigneter Temperatur in niedrigere Fluoride überführen lassen. Der einwandfreien Kennzeichnung wegen wird es sich empfehlen, diese Fluoride in möglichst gute Kristallformen zu bringen. Auch bei der Reduktion des leicht darstellbaren Urantetrafluorids im Wasserstoffstrom entsteht ein niedrigeres Fluorid; es ist von rötlichbrauner Farbe, möglicherweise das UF_3.

Statt von den Oxyden könnte man auch von den meist gutbekannten Chloriden, Bromiden oder Jodiden ausgehen und diese im HF-Strom erhitzen.

Von den Fluoriden höherer Ordnung interessieren besonders die wasserfreien Komplexe der Fluoride und Oxyfluoride mit anderen Halogenverbindungen, und zwar von Metallen und Metalloiden. Auch dürfte das Studium der Reaktion der einfachen Fluoride mit Schwefel, Jod, Brom und Ammoniak in manchen Fällen zu einem bemerkenswerten Ergebnis führen. So z. B. bildet das Wolframhexafluorid mit flüssigem Ammoniak eine in diesem unter Ausscheidung von Ammonfluorid lösliche Verbindung, aus welcher sich nach Entfernung des Ammoniaks wohl ein Wolframnitrid oder Wolframstickstofffluorid gewinnen lassen würde*).

Die Unlöslichkeit des Ammoniumfluorids in flüssigem Ammoniak erleichtert ungemein den Ersatz von Fluor durch die Ammoniumgruppe bzw. Stickstoff bei all denjenigen Fluoriden, welche in flüssigem Ammoniak lösliche Reaktionsprodukte geben.

E. Phosphor, Arsen, Antimon, Wismut.

Von binären Fluoriden sind die folgenden bekannt:

PF_3, PF_5, AsF_3, AsF_5, SbF_3, SbF_5, BiF_3 amorph.

Die Darstellung eines kristallisierten Wismuttrifluorids, welche aus dem untenerwähnten Ammonfluorid-Doppelsalz erreichbar sein wird, steht noch aus. Ein Wismutpentafluorid vermag bei Zimmertemperatur und Atmosphärendruck nicht zu bestehen.

Von Fluoriden höherer Ordnung:

P: POF_3, PSF_3, $P(NH_2)_2F_3$ [191]), $(PF_5)_2(NH_3)_5$ [278]), $PF_5N_2O_4$ [276]), $P(NH_2)_2SF$ [282]) und einige Salze von Fluophosphorsäuren, z. B. $P(OH)_3 \cdot OK \cdot KF$ [297]).

Verbindungen des PF_3, PF_5, POF_3, PSF_3 mit Metallfluoriden, -chloriden usw. sind nicht bekannt, und von der großen Zahl evtl. möglicher Verbindungen mit negativen Komplexen (z. B. mit $TiCl_4$, PCl_5, JCl_3 usf.) ist $PF_5 \cdot N_3O_4$ (siehe oben) die bis jetzt allein festgestellte.

As: $AsF_5 \cdot NOF$ [248]); $(AsF_3)_2 (NH_3)_5$ [9]); $AsF_5 \cdot KF \cdot {}^1/_2 H_2O$; $AsOF_3 \cdot KF \cdot H_2O$ [124]) und das Natriumsalz einer Fluorarsensäure: $2 AsO_4Na_3 \cdot NaF \cdot 19$ aq [5]).

Es ist bemerkenswert, daß, abgesehen von der einzigen Ammoniakverbindung, Verbindungen des Arsentrifluorids vollständig fehlen; dasselbe ist zur Bildung von Verbindungen höherer Ordnung weit weniger befähigt als das Arsenpentafluorid. Daß von weiteren Untersuchungen des Arsenpentafluorids noch manche anderen Verbindungen erwartet werden dürfen, beweisen einerseits die Beobachtung Moissans, daß sich AsF_3 mit Br zu einem kristallisierten Körper (wohl einem komplexen Fluorid des fünfwertigen Arsens) vereinigen läßt, andererseits die Beobachtung von Ruff und Stäuber, daß das Arsenpenta-

*) Bezüglich der Arbeitsverfahren siehe z. B. Ruff u. Eisner, Titanstickstoff. Berichte d. Deutsch. chem. Gesellsch. **41**, 2250 (1908).

fluorid mit Metallen und Metalloiden Verbindungen höherer Ordnung zu bilden vermag[167]).

Sb: Zahlreiche Doppelfluoride des Antimontrifluorids und Antimonpentafluorids, sowie Hydrate und Ammoniakate dieser Fluoride, z. B.

$SbF_3 \cdot KF$[62]); $SbF_3 \cdot 2\,NH_3$; $SbF_5 \cdot NH_4F$[123]); $SbF_5 \cdot 2\,H_2O$; $SbF_5 \cdot NOF$[248]);

dann Verbindungen des Antimontrifluorids mit Antimonpentafluorid (z. B. $SbF_5 \cdot 3\,SbF_3$), mit Alkalihalogeniden ($SbF_3 \cdot RCl$), -sulfaten (z. B. $(SbF_3)_2(NH_4)_2SO_4$)[96]) und -oxalaten; ein Doppelfluorid des noch hypothetischen $SbOF_3$ mit Natriumfluorid ($SbOF_3 \cdot NaF \cdot H_2O$), Verbindungen des Antimonpentafluorids mit $SbCl_5$, mit Br, mit J, mit S und ein Reaktionsprodukt desselben mit Ammoniak $(Sb_2F_8)\,(NH_3)_3$[204]).

Bi: BiOF[167]); einige Doppelfluoride des BiF_3 und BiOF mit HF und NH_4F[99]) und das $Bi^{V}OF_3 \cdot KF$[217]).

Im Gegensatz zu den Phosphorfluoriden und dem Arsentrifluorid bildet das Antimontrifluorid eine außerordentlich bunte Reihe von Verbindungen höherer Ordnung und wird darin nur noch vom Antimonpentafluorid, später einmal wohl auch von dem Arsenpentafluorid übertroffen. Den Grund dafür wird man wohl in der größeren Masse oder dem größeren Volumen des Antimonatoms suchen müssen, da die Symmetrieverhältnisse, welche die Wertigkeit vor allem bestimmen dürften, in der ganzen Elementengruppe ziemlich dieselben sein werden. Auch bei den Wismutfluoriden ist die Zahl der Verbindungen höherer Ordnung nur bescheiden; aber die geringe Löslichkeit des Wismuttrifluorids auf der einen Seite und die Unbeständigkeit des Pentafluorids auf der anderen lassen dies einigermaßen verständlich erscheinen. Trotzdem deutet der Umstand, daß beim Wismut die Neigung zur Betätigung der Maximalwertigkeit trotz der Vergrößerung der Masse wieder fällt, darauf hin, daß zu Masse und Symmetrie noch ein dritter, zur Zeit unbekannter Faktor hinzutritt und die Eigenschaften des Atoms mitbestimmt.

F. Vanadin, Niob und Tantal.

Die bis jetzt bekannten binären Fluoride sind:

VF_3, VF_4, VF_5, NbF_5 und TaF_5[238]);

die Fluoride höherer Ordnung:

VOF_2, VOF_3[238]), $NbOF_3$[108]),

welch letzteres man durch Erhitzen von Niobpentoxyd mit Kalziumfluorid im HCl-Strom bei Rotglut erhält, und mancherlei Verbindungen der genannten Fluoride und des hypothetischen $TaOF_3$ mit Alkalifluoriden, Schwermetallfluoriden und Wasser, wie z. B. $VF_3 \cdot 2\,KF \cdot H_2O$; $VOF_3 \cdot 2\,KF$; $VF_5 \cdot VOF_3 \cdot 4\,KF$; $VO_2F \cdot 2\,KF$[174])[184])[54]); dann vor allem der Form $(VF_5)\,M'' \cdot 7\,aq$[7])[184]) und $VOF_2 \cdot MF_2 \cdot 7\,aq$[8])[175]). Ferner

$NbF_5 \cdot 2\,KF$ [112]); $NbOF_3 \cdot 3\,NH_4F$ [128]) [182]) [95]); $TaF_5 \cdot NaF$ [6]); $TaOF_3 \cdot 3\,NH_4F$ [108]) nebst einer ganzen Reihe von ähnlichen Salzen, in welchen das Alkalifluorid durch ein Schwermetallfluorid ersetzt ist, und schließlich noch ein Fluooxyperniobat $NbO_2F_3 \cdot 2\,KF \cdot H_2O$ [182]) [95]).

Man vermißt in dieser Liste vor allem die niedrigeren Niob- und Tantalfluoride und deren Abkömmlinge; auch harrt das Nioboxyfluorid $NbOF_3$ noch einer eingehenderen Untersuchung. Ammoniakate und andere Fluoride, gemischte Halogenosalze und Verbindungen mit negativeren Komplexen dürften sich in großer Zahl finden lassen.

G. Bor, Silizium, Titan, Zirkon, Germanium und Zinn.

Die bekannten binären Fluoride sind:

BF_3, SiF_4, TiF_3 [97]) [296]), TiF_4 [236]) [243]), ZrF_4 [45]) [305]), SnF_2, SnF_4 [243]).

Das wasserfreie Germaniumtetrafluorid ist noch unbekannt; desgleichen kennt man auch keine niedrigeren Germanium-, Zirkon-, Silizium- und Borfluoride. Ein niedrigeres Zirkonfluorid dürfte sich aber wohl z. B. durch Reduktion von Kalium(Ammonium)zirkonfluorid im Wasserstoffstrom gewinnen lassen.

Das Siliziumfluorür unbekannter Zusammensetzung, welches beim Überleiten von Siliziumtetrafluorid über geschmolzenes Silizium und bei rascher Abkühlung der Dämpfe erhalten werden soll, hat der Verfasser weder auf dem angegebenen Weg, noch durch Reduktion von Siliziumtetrafluorid mit Graphit bei Temperaturen bis 2000°, noch durch Reduktion von Siliziumtetrafluorid mit Wasserstoff gewinnen können. Das Siliziumtetrafluorid hat sich bei diesen Versuchen als eine ganz hervorragend temperaturbeständige Verbindung erwiesen. Weitere Versuche in dieser Richtung, welche auch auf das Bortrifluorid ausgedehnt werden sollten, wären trotzdem angebracht.

Zahlreich sind in dieser Elementengruppe die Verbindungen höherer Ordnung:

B: ($BF_3 \cdot HF$) [60]); $BF_3 \cdot 3\,HF$ (?) [115]), eine Reihe von Metallborfluoriden der allgemeinen Zusammensetzung $BF_4 \cdot M$, z. B. BF_4K, einige noch schlecht gekennzeichnete Fluoborate (unter diesen evtl. auch $B_2O_3 \cdot NH_4F \cdot HF$ [178])), z. B. $2\,BF_3\,CuF_2$, welches nach Berzelius durch Fällen des $BaF_2 \cdot 2\,BF_3$ mit $CuSO_4$ in Lösung erhalten wird, einige Fluoperborate[134]), z. B. $BO_3 \cdot NH_4F$ und einige merkwürdige Reaktionsprodukte mit Ammoniak, deren erneute Untersuchung sich wohl lohnen dürfte: $BF_3 \cdot 1-3\,NH_3$ [12]).

Si: SiF_3H [220]); SiF_6H_2 und eine große Zahl von Silikofluoriden der Form $SiF_4 \cdot 2\,MF$, daneben aber auch z. B. $SiF_4 \cdot 3\,NH_4F$. Die meisten Silikofluoride sind in Wasser löslich; sehr wenig löslich nur die Silikofluoride des Na, K, Ba, des Ce und einiger verwandter Metalle.

Daneben bestehen die zahlreichen Fluosilikate [52]), deren sich auch in der Natur eine ganze Menge finden; siehe z. B. Gmelin-Kraut-

Friedheim III, 1, S. 258 bei den Magnesiumfluosilikaten. Schmelzendes Kaliumfluorid löst Siliziumdioxyd ohne die Bildung von Siliziumtetrafluorid[13]); die entstehende Verbindung scheint aber durch Wasser unter Abscheidung von Kieselsäure und Bildung von Silikofluorid zersetzt zu werden; es müssen deshalb andere Wege als das Auslaugen mit Wasser gefunden werden, welche gestatten, das Reaktionsprodukt in seine Bestandteile zu zerlegen.

Ein Oxyfluorid, etwa der Formel Si_2O_4FH wird bei der Einwirkung von Feuchtigkeit auf Siliziumtetrafluorid gebildet[114]). Außerdem ist noch eine nicht näher gekennzeichnete Ammoniakverbindung $SiF_4 \cdot 2\,NH_3$ von Davy beschrieben worden.

Ti: Doppelfluoride des TiF_3, z. B. $TiF_3 \cdot 2\,NH_4F$[181]) und des TiF_4, z. B. $TiF_4 \cdot 2\,HF$; $TiF_4 \cdot 2\,NH_4F$[50]) [130]); eine Reihe von Fluotitanaten der Form z. B. $(TiF_6)Co \cdot 6aq$[52]) [180]), aber auch wieder $TiF_4 \cdot 3\,NH_4F$ und einige Fluopertitanate z. B. $TiO_2F_2 \cdot 3\,NH_4F$[183]), sowie die Ammoniakverbindungen $TiF_4 \cdot 2\,NH_3$ und $TiF_4 \cdot 4\,NH_3$[236]).

Zr: $ZrF_4 \cdot 3\,H_2O$, eine Reihe von Doppelfluoriden des ZrF_4 mit Alkalifluoriden, Wasser und Fluorwasserstoff, deren Zusammensetzung von den Konzentrationsverhältnissen der Lösung in hohem Grade abhängig ist, z. B. $ZrF_4 \cdot KF \cdot H_2O$ neben $ZrF_4 \cdot 2\,NH_4F$ und $ZrF_4 \cdot 5\,NaF$[125]).

Ge: $GeF_4 \cdot 3\,H_2O$; K_2GeF_6[304]).

Sn: Einige Verbindungen des SnF_2, wie z. B. $SnF_2 \cdot 2\,HF$ oder $3\,SnF_2 \cdot 2\,KF \cdot H_2O$ und eine größere Zahl von Verbindungen des SnF_4, wie z. B. $SnF_4 \cdot SnCl_4$[243]); $SnF_4 \cdot 2\,NH_4F$; $SnF_4 \cdot 4\,NH_4F$[87]) [129]); daneben bestehen zahlreiche Fluostannate, entsprechend den Fluosilikaten und -titanaten von der Form z. B. $[SnF_6 \cdot 6aq]Ni$[87]) [129]).

Unter den der Zukunft vorbehaltenen Aufgaben sei bei den Verbindungen höherer Ordnung dieser Elementgruppe vor allem auf eine weitere Bearbeitung der Fluoborate, -silikate, -titanate, -zirkonate hingewiesen. Auch eine Untersuchung der binären Fluoride über ihre Fähigkeit zur Komplexbildung mit Verbindungen negativerer Elemente z. B. NOF, SbF_5, JF_5 oder mit den Chloriden, Bromiden usw. derselben Elemente z. B. das System $SnF_4 \cdot SnCl_4$ oder $TiF_4 \cdot TiCl_4$ hätte für die Frage nach der Form der Valenzbetätigung einiges Interesse. Es scheint, daß das Bortri- und Siliziumtetrafluorid am wenigsten Neigung zur Bildung solcher Verbindungen haben; die Fähigkeit zur Komplexbildung mit den Verbindungen negativerer Elemente erscheint auf die Fluoride der positiveren Elemente der Gruppe beschränkt.

H. Zer, seltene Erdmetalle, Thor und Blei.

Cer und seltene Erdmetalle: Die binären Fluoride des Zers und der seltenen Erdelemente sind noch kaum bekannt und warten eines eingehenderen Studiums. Moissan hat zwar die Karbide der meisten dieser Elemente mit Fluor behandelt und hierbei eine lebhafte Reaktion bzw. die Bildung eines Fluorids festgestellt, die gebildeten Fluoride selbst aber nicht weiter untersucht[164]). Das Zertetrafluorid CeF_4 und

-trifluorid CeF_3 hat Brauner, wenn auch wohl noch nicht in reiner Form, dargestellt[16]). Ein besonderes Interesse hat das Zertetrafluorid, welches man aus dem wasserhaltigen $CeF_4 \cdot H_2O$ durch vorsichtiges Erwärmen erhalten kann, da es, wie das Doppelsalz $2\,CeF_4 \cdot 3\,KF \cdot 2\,H_2O$, beim Erhitzen in Fluor und Zertrifluorid CeF_3 gespalten werden soll und somit einen zweiten Weg zur Darstellung von Fluor in Aussicht stellt.

Im übrigen erhält man wasser- und evtl. auch flußsäurehaltige Fluoride der seltenen Erden ziemlich leicht durch Fällung ihrer Nitratlösungen mit Flußsäure- oder Alkalifluoridlösungen als gelatinöse Niederschläge, welche sich in einzelnen Fällen durch Erhitzen von ihrem Wasser- und Flußsäuregehalt befreien lassen. So sind z. B. $CeF_3 \cdot 2\,H_2O$; $LaF_3 \cdot H_2O$; $2\,LaF_3 \cdot 3\,HF$; $SmF_3 \cdot H_2O$; $YF_3 \cdot H_2O$ und YF_3, letzteres als amorphes Pulver dargestellt worden[36]) [66]).

Th: Besser bekannt sind einige Thorfluoride:

Das ThF_4[28]) [48]) [165]) und mancherlei Verbindungen desselben, wie z. B. das $ThF_4 \cdot KF$ und $2\,ThF_4 \cdot KF$, das $ThF_4 \cdot RbF \cdot 3\,H_2O$[203]); es gelang aber nicht, ein Doppelsalz des ThF_4 mit NH_4F darzustellen. Das aus wässerigen Lösungen ausfallende amorphe $ThF_4 \cdot 4\,H_2O$ ist bezüglich seiner Zusammensetzung zweifelhaft[32]); selbst in stark saurer Lösung erhält man nur eine fluorwasserstoffhaltige Verbindung des Thoroxyfluorids, wie die folgenden Beobachtungen des Verfassers zeigen:

Schüttelt man das aus wässeriger Lösung gefällte amorphe Fluorid bei 25° C etwa 5 Tage lang mit etwa 40 proz. Flußsäure, trocknet dieses Salz dann zwischen Fließpapier und analysiert es, so entspricht dessen Zusammensetzung ziemlich genau der Formel: $ThOF_2 \cdot HF \cdot 2\,H_2O$.

Das amorphe Thorfluorid ist in reinem Wasser sehr wenig löslich, bildet beim Schütteln mit solchem aber eine kolloidale Lösung, welche bei 25° C etwa 0,6 g Thordioxyd im Liter enthält. Ein Zusatz von Flußsäure vermindert die Neigung zur Bildung kolloidaler Lösungen; man findet dementsprechend bei einem Gehalt der Lösung von 5,3 g HF in 100 ccm und bei 25° C nur noch etwa 0,06 g Thordioxyd im Liter.

Erhitzt man das amorphe Thorfluorid im Fluorwasserstoffstrom oder Thoriumsilikofluorid im Wasserstoffstrom, so erhält man das Thoroxyfluorid $ThOF_2$[28]).

Pb: Neben dem längst, aber nur teilweise genau bekannten Bleidifluorid PbF_2 und den mancherlei Verbindungen dieses mit anderen Fluoriden (Silikofluorid, Borfluorid, Titanfluorid) und anderen Salzen [Fluosulfat ($PbSO_4PbF_2$), Fluochlorid ($PbFCl$), Fluobromid ($PbFBr$)] kennt man noch zwei Verbindungen des Bleitetrafluorids, das $PbF_4 \cdot 3\,KF \cdot HF$[17]) und das $PbF_4 \cdot 3\,NH_4F \cdot HF$[215]).

Das Bleitetrafluorid selbst ist zu unbeständig, als daß es bei Zimmertemperatur in reiner Form erhalten werden könnte[215]); über dessen Eigenschaften ist deshalb auch nichts Sicheres bekannt.

I. Aluminium, Gallium, Indium, Thallium.

Von Al kennt man das in schönen Rhomboedern kristallisierende, in Wasser und verdünnten Säuren unlösliche AlF_3 neben verschiedenen wasserlöslichen Hydraten sowie Verbindungen mit Fluorwasserstoff-, Alkali-, Erdalkali- und Schwermetallfluoriden. Solche Verbindungen höherer Ordnung sind z. B. $AlF_3 \cdot 3\,H_2O$; $3\,AlF_3 \cdot 2\,HF \cdot 5\,H_2O$[46]); $AlF_3 \cdot 2\,KF$; $AlF_3 \cdot 3\,KF$; $AlF_3 \cdot CaF_2 \cdot H_2O$[61]); $AlF_3 \cdot ZnF_2, 7\,H_2O$[299]); in der letzterwähnten Verbindung ist das Zink z. B. durch Cd, Co, Ni, evtl. auch Cu vertretbar. Die bemerkenswerteste dieser komplexen Verbindungen ist aber der Kryolith $AlF_3 \cdot 3\,NaF$, dessen künstliche Darstellung wegen der Bedeutung für die Aluminiumfabrikation vielfache Bearbeitung gefunden hat[46]).

Vom Gallium scheint bis jetzt keine Fluorverbindung hergestellt zu sein. Dagegen sind durch die Untersuchungen von Thiel[277]) die wasserlöslichen Komplexe $InF_3 \cdot 3\,H_2O$, $InF_3 \cdot 9\,H_2O$ bekannt geworden; zum mikrochemischen Nachweis des Indiums soll sich ein Ammoniumdifluorid eignen[111])

In größerer Zahl sind Fluorverbindungen des Thalliums durch die Arbeiten von Gewecke[78]) und Ephraim[56])[55]) bekannt geworden, so das wasserfreie Thalliumfluorür TlF, dazu das Hydrat $2\,TlF \cdot H_2O$ und die Fluorwasserstoffverbindung $TlF \cdot HF$; dann zahlreiche Komplexe mit Aluminium, Silizium, Wolfram, Chrom, Molybdän, Vanadin, Mangan, Antimon z. B. der Form $AlF_3 \cdot 3\,TlF$; $WO_2F_2 \cdot 2\,TlF$, in denen aber das Thallium nicht selbständig komplexbildend, sondern als Kation erscheint. Das Thalliumtrifluorid wird in wässeriger Lösung hydrolysiert, und man erhält aus dieser nur das Oxyfluorid TlOF als gelbgrünen Niederschlag, unlöslich in Wasser. Dafür läßt sich aus solcher Lösung das Trifluorid in Verbindung mit Kaliumfluorid in der Form $KF \cdot 2\,TlF_3$ gewinnen; außerdem sind von dreiwertigem Thallium Verbindungen der Form $Tl\,FCl_2$ und $TlF\,Cl_2 \cdot 4\,NH_3$ mit Chlor und Brom dargestellt worden.

K. Beryllium, Magnesium, Kalzium, Strontium, Barium.

Die binären Fluoride der Form MF_2 gehören zu den bestuntersuchten. Ihre Neigung, Komplexe zu bilden, wird mit steigendem Atomgewicht des Metalls immer kleiner, obwohl das Beryllium und Magnesium in dieser Beziehung dem Aluminium noch ziemlich nahestehen (z. B. $MgF_2 \cdot KF$, $MgF_2 \cdot 2\,KF$). Um so größeres Interesse verdienen die verhältnismäßig wenigen Verbindungen des Sr und Ba höherer Ordnung, in denen diese Elemente nicht wie in den Fluosilikaten als Kationen zu negativen Fremdkomplexen erscheinen, sondern als komplexbildende Kernelemente, wie z. B. in den Verbindungen $CaF_2 \cdot 2\,HF \cdot 6\,H_2O$[65]); $CaCl_2\,CaF_2$; $CaBr_2\,(CaJ_2) \cdot CaF_2$[39])[185]) und in den Fluoboraten, -phosphaten und -sulfaten.

Unter den Fluosilikaten dieser Elemente bedarf das Magnesiumsalz $MgSiF_6$ als Schweißmittel für Nickel besonderer Erwähnung.

L. Zink, Kadmium, Quecksilber.

Die Fluoride dieser Metalle werden vom Zink zum Quecksilber durch Wasser immer leichter zersetzt. Das in Wasser schwerlösliche $ZnF_2 \cdot 4\,H_2O$[126]) erhält man durch Verdunsten einer schwach flußsauren Lösung; es liefert beim Erhitzen auf 200° das wasserfreie Salz ZnF_2, dessen in Wasser schwerlösliche Komplexe mit Natrium- oder Kaliumchlorid z. B. $ZnF_2 \cdot 2\,KF$ einfach durch Zusammengießen entsprechend konzentrierter Lösungen dargestellt werden. Das gleichfalls wenig lösliche CdF_2 erhält man aus einer Lösung wasserfrei bei Verwendung eines größeren Flußsäureüberschusses, oder durch Mischen konzentrierter, auf wenig über gewöhnliche Temperatur[176]) erwärmter Lösungen von neutralen Kadmiumsalzen und von Kaliumfluorid oder auch durch Erhitzen von Kadmiumoxyd oder -chlorid auf 800 bis 900° im Fluorwasserstoffstrom[190]); es verliert schon beim Eindampfen seiner Lösung Flußsäure, ein basisches Salz hinterlassend.

Das Quecksilberfluorid kristallisiert nur aus stark flußsauren Lösungen mit 2 Mol. Wasser, $HgF_2 \cdot 2\,H_2O$, evtl. außerdem noch 2 Mol. Flußsäure bindend[222]); das Wasser läßt sich aus diesen Salzen durch Erhitzen aber nicht entfernen, ohne daß sie zersetzt werden. Beim Eindampfen ihrer Lösung geht Flußsäure weg, bis schließlich Oxyd hinterbleibt. Durch Eintragen von HgO in eine kalte Flußsäurelösung bis diese nahezu neutralisiert ist, erhält man das basische Salz $HgF_2 \cdot HgO \cdot H_2O$.

Andere selbständige Komplexe sind von diesen Elementen nur wenige bekannt. In dem Salz $ZnF_2 \cdot 4\,H_2O$ ist das Wasser durch Fluorwasserstoff und durch Alkalifluorid teilweise vertretbar, z. B. in $ZnF_2 \cdot 2\,NH_4F \cdot 2\,H_2O$[100]); leicht erhält man auch das in Wasser fast unlösliche Salz $CdF_2 \cdot 2\,NH_4F$[100]). Das Quecksilberfluorid findet man in den Ammoniaksalzen $HgNH_2 \cdot F$, welches als ein Merkurisalz dem weißen Präzipitat $HgNH_2 \cdot Cl$ entspricht, aber nicht wie es Böhm[19]) getan, als Merkurosalz gedeutet werden kann; ferner im $(Hg^{\cdot\cdot}F)_2NH \cdot H_2O$[64]), sowie einem schlecht definierten Sulfofluorid $HgF_2 \cdot 2\,HgS$[201]); man kennt vom Quecksilberfluorid aber keine Komplexe mit Alkali- oder anderen Fluoriden.

Dagegen findet man Zink und Kadmium in der Rolle des Kations noch in vielen fremden Komplexen mit Si, Ti, Sn, W, Mo, Cr, V, Mn, so z. B. im $Zn(SiF_6) \cdot 6aq$[84]), dessen Lösung zum Imprägnieren von Holz empfohlen worden ist; oder in $Zn(SnF_6) \cdot 6aq$[269]), oder in $Zn(CrF_5) \cdot 7\,H_2O$[104]) oder in $Cd(TiF_6) \cdot aq$[51]).

M. Alkalimetalle.

Den einfachen Fluoriden der Form MF treten auch bei diesen Elementen nur einige Hydrate und Fluorwasserstoffkomplexe sowie Doppelsalze mit gleichem Kation und verschiedenem Anion, z. B. der Form $NaCl \cdot NaF$; $KCl \cdot KF$ zur Seite. Darüber hinaus ist die Neigung zu selbständiger Komplexbildung äußerst beschränkt. Vom Lithium kennt man zwar noch Verbindungen der Form LiF · KF, sonst aber treten die Alkalimetalle nur noch als Kationen in fremden Anionkomplexen auf.

N. Kupfer, Silber, Gold.

Fluoride bestimmter Zusammensetzung sind nur vom Kupfer und Silber bekannt. Die Zugehörigkeit beider Elemente zu einer Familie des periodischen Systems ist an den Eigenschaften der Fluorverbindungen, abgesehen von der rein äußerlichen, gleichen Formulierung des CuF und AgF, nicht zu erkennen.

Das rubinrote Kuprofluorid CuF ist trotz seiner geringen Löslichkeit aus wässeriger Lösung nicht zu erhalten, wird vielmehr durch Überleiten von HF über CuCl bei 1100—1200° unter Ausschluß von Wasser dargestellt[195]); es wird durch Wasser zu Cu und wasserhaltigem CuF_2 gespalten.

Das weiße Kuprifluorid dagegen entsteht beim Überleiten von HF über CuO bei 400°; es nimmt leicht Wasser auf und geht dabei erst in das grüne Mono- und dann das blaue Dihydrat über. Es wird durch Erwärmen mit Wasser hydrolytisch gespalten; dabei bilden sich das grüne Oxyfluorid $CuO \cdot CuF_2 \cdot H_2O$ und Flußsäure[107]) [43]). Neben diesen Salzen sind noch ein blaues Fluohydrat $CuF_2 \cdot 5\,HF \cdot 5\,H_2O$[19]), das wasserfreie Oxyfluorid $CuO \cdot CuF_2$ und eine Ammoniakverbindung $CuO \cdot CuF_2 \cdot 4\,NH_3 \cdot H_2O$, nebst den Ammon-, Kalium- und Rubidiumfluoridkomplexen $CuF_2 \cdot 2\,NH_4F \cdot 2\,H_2O$[94]) [101]); $CuF_2 \cdot KF$; $CuF_2 \cdot 2\,KF$ und $CuF_2 \cdot RbF$ bekannt geworden. Fluochloride, -bromide-, jodide, -sulfate usw. sind noch nicht beschrieben; dagegen findet man natürlich auch das Kupfer als Kation zu einer ganzen Reihe komplexer Anionen, so z. B. in den leichtlöslichen Fluosilikaten, in Fluotitanaten, Fluoboraten, sowie in Aluminium-, Chrom-, Wolfram-, Molybdän- und Vanadinkomplexen.

Beim Erhitzen des CuF_2 unter Abschluß von Luft im einseitig geschlossenen Platinrohr auf eine über 600° liegende Temperatur soll unter Bildung von Fluorür Fluor entstehen[153]). Die Beobachtung ist in dieser Form sicher falsch. Soweit eine Reaktion im Platinrohr eintritt, führt diese zur Bildung von Platinfluorür.

Im Silberfluorür Ag_2F von Guntz[91]) liegt nach Wöhler[307]) eine der wenigen wohlcharakterisierten chemischen Verbindungen ungewöhnlich niedriger Valenz vor, deren komplexes Silberdoppelatom einwertig ist; es bildet sich aus einer Lösung von Fluorsilber und feinstverteiltem Silber in bronzeschillernden grünen Kristallen und wird durch Wasser unter Abspaltung von Silber zersetzt.

Eines der für die Fluorchemie wichtigsten Salze ist das in Wasser leichtlösliche, gewöhnliche Fluorid AgF, dessen Darstellung im dritten Teil dieses Buches ein besonderer Abschnitt gewidmet worden ist. Es bildet mit Wasser Hydrate $AgF \cdot H_2O$, $3\,AgF \cdot 5\,H_2O$, $AgF \cdot 2\,H_2O$ und $AgF \cdot 4\,H_2O$, mit Ammoniak eine noch nicht näher bekannte

Verbindung, mit Fluorwasserstoff Fluorhydrate $AgF \cdot HF$ und $AgF \cdot 3\,HF$; und mit Ammonfluorid: $AgF \cdot 2\,NH_4F \cdot H_2O$. Außerdem dürfte ein komplexes Kation, etwa der Form $Ag_2OH^{\cdot}$, mit Silberoxyd bestehen; es ist bezüglich des letzteren aber noch keine Klärung erreicht worden[2] [259]). Noch zweifelhafter ist die Einheitlichkeit der bei der Elektrolyse von AgF-Lösungen an der Anode entstehenden Silberperoxydverbindungen $4\,Ag_3O_4 \cdot 3\,AgF$ und $2\,Ag_3O_4 \cdot AgF$ [260]), da deren Charakter als chemische Verbindung in keiner Weise sichergestellt worden ist. Von Interesse ist noch das Bestehen einer Verbindung $AgF \cdot AgJ$ [275]), welche Auger auch bei der Einwirkung von AgF auf CH_3J neben Fluoroform erhalten hat[3]); dagegen scheinen Silberfluoridkomplexe mit Alkalifluoriden, z. B. der Form $AgF \cdot KF$, nicht dargestellt zu sein.

Die Empfindlichkeit des Silberfluorids gegen reduzierende Stoffe und seine verhältnismäßig leichte Hydrolysierbarkeit mögen die Veranlassung auch dafür sein, daß das Silber bei verhältnismäßig wenigen komplexen Fluoriden anderer Elemente als Kation verwendet worden ist, so z. B. im $Ag_2SiF_6 \cdot 4\,H_2O$, $Ag_2SnF_6 \cdot 4\,H_2O$ und $AgMnF_4 \cdot 4\,H_2O$ [31]).

Zwischen Gold und Fluor ist noch keine Verbindung bestimmter Zusammensetzung erreicht worden. Zwar entsteht durch Einwirkung von Fluor auf Gold bei Rotglut nach Moissan[155]) eine gelbe hygroskopische Substanz, welche sich leicht wieder zu Gold und Fluor zersetzt; ihre nähere Kennzeichnung steht aber noch aus. Daß das Oxyd Au_2O_2 aus wässeriger Lösung Flußsäure unter Bildung eines unlöslichen Fluorürs aufnimmt[198]), darf füglich bezweifelt werden; das Oxyd Au_2O_3 tut solches jedenfalls nicht[121]); ebensowenig läßt sich Au_2Cl_4 mit HF oder $KF \cdot HF$ zu einem Fluorid umsetzen[210]). Trotzdem ist an der Existenz wasserfreier Goldfluoride nicht zu zweifeln; Wege von der Fluorwasserstoffsäure aus zu ihnen zu suchen ist um so dankbarer, als diese Fluoride beim Erhitzen wahrscheinlich Fluor geben werden.

O. Eisen, Kobalt und Nickel.

Die Zahl der Fluorverbindungen dieser Elemente ist recht erheblich. Die Elemente treten fast ebenso häufig selbständig komplexbildend wie als Kationen zu fremden Komplexen auf. Besonders zahlreich sind die Komplexe des Ferrifluorids[300]), deren Zusammensetzung derjenigen des Aluminium- und Chromfluorids meist parallel geht, und die Ammoniakkomplexe der beiden Kobaltfluoride und des Nickelfluorids. Das in durchscheinenden, weißen, glänzenden Prismen kristallisierte FeF_2 und das grünlich durchscheinende, kristallisierte FeF_3 erhält man am einfachsten durch Überleiten von wasserfreiem Fluorwasserstoff über Fe oder wasserfreies $FeCl_2$ bzw. $FeCl_3$ bei Rotglut[188]).

Das FeF_2 erscheint selbständig komplexbildend in seinem Hydrat $FeF_2 \cdot 4\,H_2O$ und einigen Verbindungen mit Alkalifluoriden $FeF_2 \cdot 2\,KF$; $FeF_2 \cdot KF \cdot 2\,H_2O$; $FeF_2 \cdot 2\,NH_4F$; $FeF_2 \cdot NH_4F \cdot 2\,H_2O$, dagegen als Kation fremder Fluoridkomplexe in Fluosilikat und -titanat[295]), sowie neben Ferrifluorid und Aluminiumfluorid in $Fe^{\cdot\cdot}(AlF_5) \cdot 7\,H_2O$ und $Fe^{\cdot\cdot}(FeF_5) \cdot 7\,H_2O$ [301]) oder auch $Fe_3F_8 \cdot 10\,H_2O$ [44]).

Ferrifluoridkomplexe kennt man sowohl mit Alkalifluoriden, z. B. $(FeF_5)K_2 \cdot H_2O$ [168]); $FeF_3 \cdot 3\,KF$ [30]); $(FeF_5)Na_2 \cdot {}^1/_2 H_2O$ [168]); $(FeF_6)Na_3$ [293]); $(FeF_5)(NH_4)_2$ [168]) und $(FeF_6)(NH_4)_3$ [98]) als auch mit Schwermetallfluoriden wie ZnF_2, CoF_2, NiF_2 und TlF; die letzteren kristallisieren alle mit 7 Mol. H_2O. Außerdem bildet das Ferrifluorid noch Hydrate: $FeF_3 \cdot H_2O$ [173]) und $FeF_3 \cdot 4^1/_2\,H_2O$ [177]) [262]).

Das CoF_2 bzw. NiF_2 gewinnt man in amorpher Form durch Zusammenschmelzen von überschüssigem NH_4F mit $CoCl_2$ bzw. $NiCl_2$, Ausziehen der Schmelze mit starkem Alkohol zwecks Entfernung des NH_4Cl und Glühen des Rückstandes in einem indifferenten Gasstrom; durch erneutes Erhitzen in gasförmigem, wasserfreiem HF werden die Fluoride kristallin rosafarben bzw. grün[194]) [187]) erhalten.

Das CoF_3 wird bei der Elektrolyse einer gesättigten Lösung von CoF_2 in 40proz. HF mit 1 Amp. pro dm^2 als chromgrünes Pulver gewonnen, wenn die als Anode dienende, die Lösung enthaltende Platinschale gut gekühlt wird[7]).

Die in kristallisierter Form in Wasser nur wenig löslichen Fluoride CoF_2 und NiF_2 bilden mit Wasser Hydrate mit 2, beim Nickel auch 3 Mol. Wasser, welche erst beim Erwärmen unter Bildung basischer Salze hydrolysiert werden. In Gegenwart von wässeriger HF entstehen Verbindungen mit dieser: $MF_2 \cdot 5\,HF \cdot 6\,aq$, in Gegenwart von Alkalifluorid die Salze: $MF_2 \cdot 2\,NH_4F$; $MF_2 \cdot 2\,NH_4F \cdot 2\,H_2O$; $MF_2 \cdot 2\,KF$; $MF_2 \cdot KF \cdot H_2O$; $MF_2 \cdot NaF \cdot H_2O$, in welchen durch M das Co- oder Ni-Atom bezeichnet ist, und in Gegenwart von MnF_2 das Salz $CoF_2 \cdot MnF_2 \cdot 4\,aq$.

Das CoF_3 wird von Wasser unter Bildung von $Co(OH)_3$ hydrolytisch vollständig gespalten; von ihm sind deshalb auch weder Hydrate, noch Doppelsalze mit Alkali- oder Metallfluoriden bekannt, sondern nur noch einige Ammoniakkomplexe z. B. $Co(NH_3)_6F_3$ [19]) und $Co(NH_3)_6F_3 \cdot 3\,HF$. In dem ersten dieser beiden Salze können 2 oder 3 Fluoratome durch 2 NO_3-Gruppen, oder ihrer eines durch ein Cl-Atom, in dem zweiten die 3 Flußsäuremoleküle durch 3 Mol. HBF_4, H_2TiF_6 oder 2 Mol. SiF_4, Wo_2F_2, MoO_2F_2, UO_2F_2, VO_2F ersetzt werden.

Zu diesen Verbindungen treten dann noch die Co- und Ni-Salze von SiF_6H_2; TiF_6H_2; SnF_6H_2 mit 6 H_2O; von AlF_5H_2, CrF_5H_2, VF_5H_2, FeF_5H_2 und VOF_4H_2 mit 7 H_2O und von $W\,O_2F_4H_2$, $MoO_2F_4H_2$ mit 10 H_2O.

Von allen diesen Verbindungen erscheint für künftige Arbeiten vor allem das CoF_3 der Beachtung wert; es dürfte leicht genug Fluor abgeben oder austauschen, um als Fluorierungsmittel mit dem UF_6, SbF_5 oder HgF_2 in Konkurrenz zu treten, wenn es sich um neue Versuche, z. B. zur Darstellung eines Jod- oder Schwefelfluorürs, handelt.

P. Die Platinmetalle.

Die Zahl der analytisch näher gekennzeichneten Fluorverbindungen ist klein. Es sind: das PtF_4[210]), OsF_8, OsF_6, OsF_4[210]) [155]), $[Rh \cdot (NH_3)_5 \cdot Cl] \cdot SiF_6$[109]), in welchem das Chlor durch Brom, Jod und die NO_2-Gruppe vertretbar ist, $Pd(NH_3)_4F_2$ und $Pd(NH_3)_4 SiF_6$[140]). Hinzu kommen dann noch zwei weitere Verbindungen, für die zwar Analysendaten nicht vorliegen, deren Zusammensetzung aber durch das Darstellungsverfahren und durch Analogieschlüsse wahrscheinlich gemacht ist: das PtF_2[149]) und vielleicht $PtF_4 \cdot 4\,AgCl(Br, J)$[83]). Ob das bei der Einwirkung von Fluor auf Palladium entstehende Fluorid die Zusammensetzung PdF_2 oder PdF_3 oder gar PdF_4 hat, ist zur Zeit ebensowenig zu sagen, wie etwas über die Zusammensetzung der bei der Einwirkung von Fluor auf Iridium und Ruthenium entstehenden flüchtigen Fluoride. Der Einwirkung elementaren Fluors, mit dessen Hilfe die binären Fluoride dargestellt worden sind, hat bis jetzt nur das Rhodium widerstanden.

Es wird eine dankbare Aufgabe sein, die Lücken auszufüllen und unsere Kenntnis von den bis jetzt dargestellten binären Verbindungen auch durch Versuche der Darstellung von Komplexen zu erweitern. Manche dieser Komplexe werden gegen Wärme und Wasser beständiger sein als die binären Fluoride; so widersteht z. B. PtF_4 in einer Alkalischmelze heller Rotglut, ohne zu zerfallen[219]); und das Osmiumokta- und -hexafluorid bilden relativ feste Verbindungen mit Alkalifluoriden.

Der schönste Erfolg bei derartigen Bemühungen wäre natürlich die Herstellung von Komplexen, welche beim Erhitzen Fluor abspalten, ohne Zuhilfenahme von Fluor, z. B. aus Fluorwasserstoff. Bis jetzt sind alle dahingehenden Versuche vergeblich gewesen; die Hoffnung auf einen Erfolg ist angesichts der Schnelligkeit, mit welcher Wasser aus den binären Fluoriden und deren Alkalifluoridkomplexen Fluorwasserstoff abspaltet, und angesichts der Schwierigkeit, Fluor an die Platinmetalle zu binden, außerordentlich klein. Aus wässeriger Lösung darstellbare wasserstoffhaltige Komplexe, wie z. B. das Palladodiaminfluorid aber kommen, so interessant sie für die Beantwortung von Strukturfragen auch sein mögen, für die Lösung der Aufgabe, Fluor auf chemischem Weg zu gewinnen, nicht in Betracht; denn beim Erhitzen verlieren sie natürlich Fluorwasserstoff und nicht Fluor.

Q. Zusammenfassung.

Ein Rückblick über die Gesamtheit der Fluorverbindungen höherer Ordnung zeigt, daß hinsichtlich der Zahl und Verbreitung die Komplexe mit Alkalifluoriden, Fluorwasserstoff, Wasser und Ammoniak an erster Stelle stehen, und daß solche von den meisten Erd-, Schwermetall- und Metallfluoriden bekannt geworden sind. Darüber hinaus findet man selbständige Komplexbildung im wesentlichen nur noch bei drei- und mehrwertigen Elementen, und zwar mit um so stärkerer

Affinität, je negativer der Charakter dieser Elemente und je höher ihre Fluorbeladung ist.

Die gewöhnlichsten Verbindungen höherer Ordnung haben beim $Al^{\cdots}$, $Fe^{\cdots}$, $Cr^{\cdots}$, $V^{\cdots}$ die Form $(AlF_5)M_2^{\cdot} \cdot 7aq$ und $(AlF_6)M_3^{\cdot}$; beim $Si^{\cdots\cdot}$, $Ti^{\cdots\cdot}$, $Sn^{\cdots\cdot}$ die Form $(SiF_6)M_2^{\cdot} \cdot 6aq$, beim $V^{\cdots\cdot}$ die Form $(VOF_4)M_2^{\cdot} \cdot 7aq$, beim $V^{\cdots\cdot\cdot}$, $Nb^{\cdots\cdot\cdot}$, $Ta^{\cdots\cdot\cdot}$ die Form $(VF_7)M_2^{\cdot} \cdot 7aq$ und beim $W^{\cdots\cdots}$, $Mo^{\cdots\cdots}$, $U^{\cdots\cdots}$ die Form $(WO_2F_4)M_2^{\cdot} \cdot 10aq$.

Die Zusammenstellung gibt sicher ein recht unvollständiges Bild von den wirklichen Verhältnissen; denn sie enthält nur wasserbeständige Verbindungen. Die Neigung zur Komplexbildung ist aber auch bei den durch Wasser besonders leicht hydrolysierbaren Fluoriden der negativen Elemente, z. B. PF_5, AsF_5, SbF_5, TeF_6, WF_6, MoF_6, UF_6, JF_5, OsF_8, eine ganz erhebliche, wie insbesondere beim SbF_5 nachgewiesen worden ist[209]), sie ist sogar wahrscheinlich um so größer, je weiter die hydrolytische Spaltung geht. Wo bei drei- und mehrwertigen Elementen Komplexe in nur geringer Zahl oder gar nicht bekannt geworden sind, da handelt es sich um Fluoride von Elementen mit schon stärker positivem Charakter, wie z. B. beim ZrF_4, ThF_4, LaF_3 und den übrigen Fluoriden der seltenen Erdmetalle.

Das Tatsachenmaterial ist noch recht dürftig; seine Vervollständigung mag fleißige Hände und Köpfe noch lange beschäftigen.

Literaturregister.*)

1. Abeggs Handb. d. anorg. Chemie III, 2, 645 (1909).
2. — u. Immerwahr, Zeitschr. f. physik. Chemie **32**, 142 (1900).
3. Auger, Bull. de la Soc. chim. (4) **5**, 7 (1909).
4. Argo, Mathers, Humiston, Anderson, Journ. physic. Chem. **23**, 348 (1919).
5. Baker, Annalen d. Chemie **229**, 293 (1885).
6. Balke, Journ. Amer. Chem. Soc. **27**, 1156 (1905).
7. Barbieri u. Calzolavi, Atti dei Lincei (5) **14**, I, 464 (1905).
8. Baur u. Gläsner, Berichte d. Deutsch. chem. Gesellsch. **36**, 4215 (1903).
8. Behrens, Mikrochemische Analyse 1899, S. 135.
9. Besson, Compt. rend. de l'Acad. des Sc. **110**, 1258 (1890).
10. Blarez, Bull. de la Soc. Chim. belg. **22**, 145.
11. Berliner klin. Wochenschr. 1915, S. 552.
12. Berzelius, Davy u. Mixter, Amer. Chem. Journ. **2**, 153 (1881).
13. —, H. Schiff u. Becchi, Annalen d. Chemie Suppl. (4) 33 (1865).
14. Brauner, Zeitschr. f. anorgan. Chemie **7**, 1 (1894).
15. —, Zeitschr. f. anorgan. Chemie **98**, 38 (1916).
16. —, Berichte d. Deutsch. chem. Gesellsch. **14**, 1944 (1881).
17. —, Berichte d. Deutsch. chem. Gesellsch. **27**, R. 563 (1894).
18. Briegleb, Annalen d. Chemie **111**, 380.
19. Böhm, Zeitschr. f. anorgan. Chemie **43**, 329 (1905).
23. Carles, Compt. rend. de l'Acad. des Sc. **144**, 37 (1907).
24. —, Annales des Falsificat. **5**, 645 (1913).
25. —, Bull. de la Soc. chim. (4) **13**, 533 (1913).
26. Carnot, Compt. rend. de l'Acad. des Sc. **114**, 750 (1892).
27. Chabrie, Compt. rend. de l'Acad. des Sc. **110**, 279, 1202 (1890).
28. Chauvenet, Compt. rend. de l'Acad. des Sc. **146**, 974 (1908).
29. Christensen, Journ. f. prakt. Chemie (2) **35**, 57 (1887).
30. —, Journ. f. prakt. Chemie (2) **35**, 164 (1887).
31. —, Journ. f. prakt. Chemie (2) **35**, 169 (1887).
32. Chydenius, Jahresber. 1863, S. 194.
33. Clarke, Amer. Journ. (3) **13**, 291 (1876).
34. Classen, Maßanalyse 1912, S. 236ff.
35. —, Ausgewählte Methoden 1903, II, 425.
36. Cleve, Journ. Chem. Soc. **43**, 362 (1883).
38. Daniel, Zeitschr. f. anorgan. Chemie **38**, 257 (1904).
39. Defacqz, Annales de Chim. et de Phys. (8) **1**, 354 (1904).
40. Delafontaine, Arch. phys. nat. **30**, 332; Jahresber. 1867, S. 236.
41. de Schulten, Compt. rend. de l'Acad. des Sc. **152**, 1261 (1911).
42. Deussen, Zeitschr. f. anorgan. Chemie **44**, 304 (1905).
43. —, Zeitschr. f. anorgan. Chemie **44**, 419 (1905).
44. —, Centralbl. 1907, I, S. 1554.
45. Deville, Annales de Chim. et de Phys. (3) **49**, 84 (1857).
46. —, Annales de Chim. et de Phys. (3) **61**, 329 (1861); D. R. P. 307 525 (1917) der Chem. Fabrik Goldschmieden. Chem.-Ztg. **42**, 203.
47. Ditte, Compt. rend. de l'Acad. des Sc. **134**, 337 (1902).

*) Die alphabetische Reihenfolge der Autoren hat an einigen Stellen durch Nachträge während der Drucklegung unterbrochen werden müssen.

48. **Duboin**, Annales de Chim. et de Phys. (8) **17**, 355 (1909).
50. **Ebler** u. **Schott**, Journ. f. prakt. Chemie (2) **81**, 556 (1910).
51. **Engelskirchen**, Beiträge zur Kenntnis der Salze der Kiesel- und Titanfluorwasserstoffsäure. Diss. Berlin 1903.
54. **Ephraim**, Zeitschr. f. anorgan. Chemie **35**, 77 (1903).
55. — u. **Bartecko**, Zeitschr. f. anorgan. Chemie **61**, 238 (1909).
56. — u. **Heymann**, Berichte d. Deutsch. chem. Gesellsch. **42**, 4456 (1909).
58. **Fenton**, Proc. Chem. Soc. **24**, 133 (1908).
59. **Finkener**, Poggendorfs Annalen **110**, 143, 628 (1860).
60. **Fischer Fr.** u. **Thiele**, Zeitschr. f. anorgan. Chemie **67**, 304 (1910).
61. **Flight**, Jahresber. **36**, 1848 (1883).
62. **Flückiger**, Poggendorfs Annalen **87**, 259 (1852).
63. **Franklin, E. C.**, Zeitschr. f. anorgan. Chemie **46** (1905).
64. — Journ. Amer. Chem. Soc. **29**, 51 (1907).
65. **Fremy**, Annales de Chim. et de Phys. (3) **47**, 35 (1856).
66. **Frerichs**, Berichte d. Deutsch. chem. Gesellsch. **11**, 1151 (1878).
67. **Fresenius**, Zeitschr. f. analyt. Chemie **5**, 190 (1866).
69. **Gautier**, Compt. rend. de l'Acad. des Sc. **158**, 159 (1914).
70. — u. **Clausmann**, Compt. rend. de l'Acad. des Sc. **154**, 1469, 1670, 1753 (1912).
73. — — Compt. rend. de l'Acad. des Sc. **157**, 94 (1913).
74. — — Compt. rend. de l'Acad. des Sc. **158**, 1389 (1914).
75. — — Compt. rend. de l'Acad. des Sc. **158**, 1631 (1914).
76. — — Bull. de la Soc. chim. (4) **15**, 707 (1914).
77. **Gay-Lussac** u. **Thenard**,
78. **Gewecke**, Annalen d. Chemie **366**, 235 (1909).
79. **Giolitti** u. **Agamenone**, Atti dei Lincei (5) **14**, I, 114, 165 (1905).
80. **Gino Gallo**, Atti della R. Accad. dei Lincei (5) **19**, I, 206.
81. — — Atti della R. Accad. dei Lincei (5) **19**, I, 1753.
82. **Gore**, Chem. News **24**, 291; Jahresber. 1871, S. 224.
83. — Proc. Roy. Soc. **19**, 325; Jahresber. 1871, S. 342.
84. **Gossner**, Zeitschr. f. Krystallogr. **42**, 474 (1906).
85. **Greef**, Berichte d. Deutsch. chem. Gesellsch. **46** 2511 (1913).
86. **Groth**, Zeitschr. f. Krystallogr. **42**, 484 (1907).
87. — Zeitschr. f. Krystallogr. **42**, 561 (1907).
88. **Guntz**, Annales de Chim. et de Phys. (6) **3**, 47 (1884).
89. — Annales de Chim. et de Phys. (6) **3**, 59 (1884).
90. — Annales de Chim. et de Phys. (6) **3**, 61 (1884).
91. — Compt. rend. de l'Acad. des Sc. **110**, 1337 (1890).
92. **Gunnar Stark**, Zeitschr. f. anorgan. Chemie **70**, 173 (1911).
93. **Hamilton**, Chemic. News **60**, 252 (1889).
94. **Haas**, Chem.-Ztg. **32**, 8 (1908).
95. **Hall** u. **Smith**, Journ. Amer. Chem. Soc. **27**, 1396 (1905).
96. de **Haen**, D. R. P. 45 222 (1887) u. 45 224 (1887) oder **Raad**, D. R. P. 85 626 (1894).
97. **Hautefeuille**, Compt. rend. de l'Acad. des Sc. **57**, 151 (1863).
98. von **Helmolt**, Zeitschr. f. anorgan. Chemie **3**, 123 (1893).
99. — Zeitschr. f. anorgan. Chemie **3**, 143 (1893).
100. — Zeitschr. f. anorgan. Chemie **3**, 115 136 (1893).
101. — Zeitschr. f. anorgan. Chemie **3**, 138 (1893).
102. **Hempel**, Berichte d. Deutsch. chem. Gesellsch. **18**, 1438 (1885).
103. — u. **Scheffler**, Zeitschr. f. anorgan. Chemie **20**, 1 (1899).
104. **Higley**, Journ. Amer. Chem. Soc. **26**, 630 (1904).
105. **Hilemann**, Zeitschr. f. anorgan. Chemie **51**, 158 (1906).
107. **Jäger**, Zeitschr. f. anorgan. Chemie **27**, 29 (1901).
108. **Joly**, Compt. rend. de l'Acad. des Sc. **81**, 1266 (1875).
109. **Jörgensen**, Journ. f. prakt. Chemie (2) **27**, 433 (1883).
110. **Karsten**, Zeitschr. f. anorgan. Chemie **53**, 365 (1907).
111. **Kley**, Chem.-Ztg. **25**, 563 (1901).

112. Krüss u. Nilson, Berichte d. Deutsch. chem. Gesellsch. **20**, 1688 (1887).
114. Landolt, Annalen d. Chemie (Suppl. 4), S. 27 (1865).
115. Landolph, Compt. rend. de l'Acad. des Sc. **86**, 603 (1878).
116. Lebeau, Compt. rend. de l'Acad. des Sc. **141**, 1018 (1905).
117. — Compt. rend. de l'Acad. des Sc. **143**, 425 (1906).
118. — Compt. rend. de l'Acad. des Sc. **144**, 1042 (1907); **145**, 190 (1907).
119. — Annales de Chim. et de Phys. (8) **9**, 240 (1906).
120. — Annales de Chim. et de Phys. (8) **9**, 241 (1906).
121. Lenher, Journ. Amer. Chem. Soc. **25**, 1136 (1903).
122. Mannich u. Kather, Apothek. Ztg. **30**, 390 (1915).
123. Marignac, Annalen d. Chemie **145**, 239 (1868).
124. — Annalen d. Chemie **145**, 248 (1868).
125. — Annales de Chim. et de Phys. (3) **60**, 271 (1860).
126. — Annales de Chim. et de Phys. (3) **60**, 305 (1860).
127. — Annales de Chim. et de Phys. (3) **69**, 68 (1863).
128. — Annales de Chim. et de Phys. (4) **8**, 38 (1866).
129. — Annalen d. Mineralog. (5) **15**, 221 (1859).
130. — Annalen d. Mineralog. (5) **15**, 228 (1859).
131. Mauro, Gaz. chim. ital. **19**, 179 (1889).
132. Miolati u. Aloisi, Atti della R. Accad. dei Lincei (5) **6**, 376 (1897).
133. — u. Rossi, Atti della R. Accad. dei Lincei (5) **5**, 225, II (1896).
134. Melskoff u. Lordkipanidze, Journ. d. russ. phys. Gesellsch. **34**, 37, 83, 228 (1902).
135. Menir, Journ. Amer. Chem. Soc. **39**, 33 (1881).
136. Meslans, Compt. rend. de l'Acad. des Sc. **110**, 717 (1890).
137. — Blul. de la Soc. chim. (3) **15**, 391 (1896); Gmelin-Krauts Handb. d. anorg. Chemie 7. Aufl. 1909 I, S. 2, 38.
138. Mervin, Centralbl. 1909 II, S. 1944.
139. Metzner, Annales de Chim. et de Phys. (7) **15**, 203 (1898).
140. Müller, Annalen d. Chemie **86**, 356, 463 (1853).
141. Moissan, Compt. rend. de l'Acad. des Sc. **99**, 874 (1884).
142. — Compt. rend. de l'Acad. des Sc. **101**, 1490 (1885).
143. — Compt. rend. de l'Acad. des Sc. **130**, 622 (1900).
144. — Compt. rend. de l'Acad. des Sc. **135**, 563 (1902).
145. — Compt. rend. de l'Acad. des Sc. **139**, 711 (1904).
146. — Compt. rend. de l'Acad. des Sc. **139**, 796 (1904).
147. — Annales de Chim. et de Phys. (6) **6**, 433.
148. — Annales de Chim. et de Phys. (6) **19**, 287 (1890).
149. — Annales de Chim. et de Phys. (6) **24**, 248, 287 (1891).
150. — Bull. de la Soc. chim. (3) **4**, 260 (1890).
151. — Bull. de la Soc. chim. (3) **5**, 456 (1891).
152. — Bull. de la Soc. chim. (2) **9**, 6 (1903).
153. — Das Fluor. 1900.
154. — Das Fluor. 1900, S. 205, 220.
155. — Das Fluor. 1900, S. 213.
156. — Das Fluor. 1900, S. 106ff.
157. — Das Fluor. 1900, S. 11.
158. — u. Lebeau, Compt. rend. de l'Acad. des Sc. **130**, 865 (1900).
159. — — Compt. rend. de l'Acad. des Sc. **130**, 865, 984 (1900).
160. — — Compt. rend. de l'Acad. des Sc. **130**, 1436 (1900).
161. — — Compt. rend. de l'Acad. des Sc. **132**, 374 (1901).
162. — — Compt. rend. de l'Acad. des Sc. **140**, 1621 (1905).
163. — — Compt. rend. de l'Acad. des Sc. **140**, 1573, 1621 (1905).
164. — u. Etard, Compt. rend. de l'Acad. des Sc. **122**, 573 (1896).
165. — u. Martiensen, Compt. rend. de l'Acad. des Sc. **140**, 1512 (1905).
166. — u. Venturi, Compt. rend. de l'Acad. des Sc. **130**, 1158 (1900).
167. Muir, Journ. Chem. Soc. **39**, 33 (1881).
168. Nickles, Journ. de Pharm. et de Chim. (4) **10**, 14; Jahresber. **1869**, S. 268.
170. Oettel, C., Annalen d. Chemie **25**, 505 (1886).

171. Oslcefski, Monatshefte f. Chemie **7**, 371 (1886).
173. Peters, Zeitschr. f. physik. Chemie **26**, 223 (1898).
174. Petersen, Journ. f. prakt. Chemie (2) **40**, 47 (1889).
175. — Journ. f. prakt. Chemie (2) **40**, 59 (1889).
176. — Zeitschr. f. physik. Chemie **4**, 394 (1889).
177. — Zeitschr. f. physik. Chemie **4**, 403 (1889).
178. Petrenco, Journ. d. russ. phys. Gesellsch. **34**, 37 (1902).
179. Pfaundler, Journ. f. prakt. Chemie **89**, 137 (1863).
180. Piccini, Atti dei Lincei Rend. 1890, I, S. 568.
181. — Gaz. chim. ital. **16**, 104 (1885); **14**, 38.
182. — Zeitschr. f. anorgan. Chemie **2**, 22 (1892).
183. — Zeitschr. f. anorgan. Chemie **10**, 438 (1895).
184. — u. Giorgis, Gazz. chim. ital. **22**, 55 (1892).
185. Plato, Zeitschr. f. physik. Chemie **58**, 361. 22. I. 88 (1907); Centralbl. 1892, I, S. 664.
186. Poulenc, Compt. rend. de l'Acad. des Sc. **113**, 75 (1891).
187. — Compt. rend. de l'Acad. des Sc. **114**, 1426 (1892).
188. — Compt. rend. de l'Acad. des Sc. **115**, 942 (1892).
189. — Compt. rend. de l'Acad. des Sc. **116**, 253 (1893).
190. — Compt. rend. de l'Acad. des Sc. **116**, 581 (1893).
191. — Annales de Chim. et de Phys. (6) **24**, 548 (1891).
192. — Annales de Chim. et de Phys. (7) **2**, 1 (1894).
193. — Annales de Chim. et de Phys. (7) **2**, 5 (1894).
194. — Annales de Chim. et de Phys. (7) **2**, 47 (1894).
195. — Annales de Chim. et de Phys. (7) **2**, 68 (1894).
196. Prideaux, Chem. Journ. Trans. **89**, 316 (1906).
197. Prandtl u. Manz, Berichte d. Deutsch. chem. Gesellsch. **45**, 1343 (1912).
198. Prat, Compt. rend. de l'Acad. des Sc. **70**, 842 (1870).
199. Prideaux, Journ. Chem. Society **89**, 316 (1906).
200. Rose, Handb. d. analyt. Chemie. 6. Aufl., II, S. 569.
201. — Poggendorfs Annalen **13**, 66 (1828).
202. Rosenheim u. Braun, Zeitschr. f. anorgan. Chemie **46**, 311 (1905).
203. — Samter u. Davidsohn, Zeitschr. f. anorgan. Chemie **35**, 432 (1903).
204. Ruff, Berichte d. Deutsch. chem. Gesellsch. **39**, 4310 (1906).
209. — Berichte d. Deutsch. chem. Gesellsch. **42**, 4021 (1909).
210. — Berichte d. Deutsch. chem. Gesellsch. **46**, 920 (1913).
214. —, Berichte d. Deutsch. chem. Gesellsch. **52**, 1223 (1919).
215. —, Zeitschr. f. angew. Chemie **20**, 1218 (1907).
216. —, Zeitschr. f. anorgan. Chemie **52**, 256 (1907).
217. —, Zeitschr. f. anorgan. Chemie **57**, 220 (1908).
219. —, Zeitschr. f. anorgan. Chemie **98**, 27 (1916).
220. — u. Albert, Berichte d. Deutsch. chem. Gesellsch. **38**, 63 (1905).
222. — u. Bahlau, Berichte d. Deutsch. chem. Gesellsch. **51**, 1752 (1918).
223. — u. Bergdahl, Zeitschr. f. anorgan. Chemie **106**, 76 (1919).
225. — u. Braun, Berichte d. Deutsch. chem. Gesellsch. **47**, 652 (1914).
226. — u. Eisner, Zeitschr. f. anorgan. Cemie **52**, 256 (1907).
227. — —, Berichte d. Deutsch. chem. Gesellsch. **40**, 2926 (1907).
228. — —, Berichte d. Deutsch. chem. Gesellsch. **38**, 742 (1905).
229. — —, Berichte d. Deutsch. chem. Gesellsch. **40**, 2926 (1907).
230. — u. Graf, Berichte d. Deutsch. chem. Gesellsch. **39**, 67 (1906).
231. — u. Geisel, Berichte d. Deutsch. chem. Gesellsch. **36**, 2677 (1903).
232. — u. Heinzelmann, Zeitschr. f. anorgan. Chemie **72**, 63 (1911).
236. — u. Ipsen, Berichte d. Deutsch. chem. Gesellsch. **36**, 1777 (1903).
238. — u. Lickfett, Berichte d. Deutsch. chem. Gesellsch. **44**, 2539 (1911).
243. — u. Plato, Berichte d. Deutsch. chem. Gesellsch. **37**, 673 (1904).
248. — u. Stäuber, Zeitschr. f. anorgan. Chemie **47**, 190 (1905); **58**, 325 (1908).
251. — u. Schiller, Zeitschr. f. anorgan. Chemie **72**, 329 (1911).
252. — u. Tschirch, Berichte d. Deutsch. chem. Gesellsch. **46**, 929 (1913).
253. — u. Thiel, Berichte d. Deutsch. chem. Gesellsch. **38**, 549 (1905).

254. Ruff u. Zedner, Berichte d. Deutsch. chem. Gesellsch. **42**, 1037 (1909).
256. — —, Berichte d. Deutsch. chem. Gesellsch. **42**, 492 (1909).
257. Rupp, Zeitschr. f. Unters. d. Nahr.- u. Genußm. **22**, 496 (1911).
259. Sachs u. Vanino, Zeitschr. f. analyt. Chemie **50**, 626 (1911).
260. — —, Zeitschr. f. analyt. Chemie **53**, 154 (1914).
261. Sartori, Chem.-Ztg. **26**, 229 (1912).
262. Scheurer u. Kestner, Annales de Chim. **68**, 490 (1863).
263. Schulze, Journ. f. prakt. Chemie **21**, 421 (1880).
264. Smithells, Journ. Chem. Soc. **43**, 125 (1883).
265. Smith u. Menzies, Journ. Amer. Chem. Soc. **32**, 907 (1910).
266. Städeler, Annalen d. Chemie **87**, 138 (1853).
267. Steiger, Journ. Amer. Chem. Soc. **30**, 219 (1908).
268. Stolba, Journ. f. prakt. Chemie **90**, 193 (1863).
269. Stortenbecker, Zeitschr. f. anorgan. Chemie **67**, 618 (1909).
270. Stromeyer, Annalen d. Chemie **100**, 96 (1856).
271. Swarts, Bull. Acad. chim. belg. **21**, 278; Centralbl. 1907, II, S. 1488.
272. —, Berichte d. Deutsch. chem. Gesellsch. **26**, R. 4, 291, 782 (1893).
273. —, Bull. Acad. belg. (3) **24**, 309, 474; **26**, 102 (1893).
275. Tanatar, Zeitschr. f. anorgan. Chemie **28**, 331 (1901).
276. Tassel, Compt. rend. de l'Acad. des Sc. **110**, 1264 (1890).
277. Thiel, Zeitschr. f. anorgan. Chemie **40**, 280 (1904).
278. Thorpe, Annalen d. Chemie **182**, 201 (1876).
279. — — u. Hambly, Chem. Soc. **55**, 759 (1889).
280. — u. Kirmann, Zeitschr. f. anorgan. Chemie **3**, 63 (1893).
281. — u. Rodger, Journ. Chem. Soc. **53**, 766 (1888); **55**, 306 (1889).
282. — —, Journ. Chem. Soc. **55**, 306, 318 (1889).
283. Treadtwell, Analyt. Chemie 1911, S. 392.
284. — u. Koch, Zeitschr. f. analyt. Chemie **43**, 469 (1904).
285. Truchot, Compt. rend. de l'Acad. des Sc. **98**, 821 (1884).
286. Traube, W., Berichte d. Deutsch. chem. Gesellsch. **46**, 2525 (1913).
287. —, Hoerenz u. Wunderlich, Berichte d. Deutsch. chem. Gesellsch. **52**, 1272 (1919).
288. Valentiner u. Schwartz, D. R. P. 105 916, 106 513.
289. Vandam, Bull. de la Soc. pharm. Bordeaux. Nov. 1904.
290. Varenne, Compt. rend. de l'Acad. des Sc. **91**, 989 (1880).
291. —, Compt. rend. de l'Acad. des Sc. **93**, 728 (1881).
292. Traube, W. u. Brehmer sowie Traube, W. u. Krahmer, Berichte d. Deutsch. chem. Gesellsch. **52**, 1284 u. 1293 (1919).
293. Wagner, Berichte d. Deutsch. chem. Gesellsch. **19**, 896 (1886).
294. Warren, Chem. News **55**, 289 (1887).
295. Weber, Journ. f. prakt. Chemie **90**, 212 (1863).
296. Weber, Poggendorfs Annalen **120**, 291 (1863).
297. Weinland u. Alfa, Zeitschr. f. anorgan. Chemie **21**, 43 (1899).
298. — u. Köppen, Zeitschr. f. anorgan. Chemie **22**, 256 (1900).
299. — —, Zeitschr. f. anorgan. Chemie **22**, 266 (1900).
300. — —, Zeitschr. f. anorgan. Chemie **22**, 267 (1900).
301. — —, Zeitschr. f. anorgan. Chemie **22**, 270 (1900).
302. — u. Lauenstein, Zeitschr. f. anorgan. Chemie **20**, 30 (1899).
303. — —, Zeitschr. f. anorgan. Chemie **20**, 40 (1899).
304. Winkler, Journ. f. prakt. Chemie (2) **36**, 199 (1887).
305. Wolter, Chem.-Ztg. **32**, 606 (1908).
306. Wöhler, Poggendorfs Annalen **48**, 87 (1839).
307. —, Zeitschr. f. anorgan. Chemie **78**, 239 (1912).

Alphabetisches Sachregister.

(Siehe auch das Inhaltsverzeichnis S. V—VII).